LES ANIMAUX
DE LA FRANCE

ÉTUDE GÉNÉRALE
DE TOUTES NOS ESPÈCES CONSIDÉRÉES
AU POINT DE VUE UTILITAIRE

VERTÉBRÉS

PAR

A. BOUVIER

FONDATEUR DU MUSÉE DES FAUNES FRANÇAISES APPLIQUÉES
AUX ARTS, A L'INDUSTRIE ETC.
EX-ZOOLOGISTE ATTACHÉ A L'EXPÉDITION DU MEXIQUE,
CHARGÉ DE DIVERSES MISSIONS SCIENTIFIQUES A L'ÉTRANGER,
FONDATEUR ET MEMBRE DE PLUSIEURS
SOCIÉTÉS SAVANTES, ETC.

1re PARTIE

MAMMIFÈRES

prix 1.25

AU MUSÉE DES FAUNES FRANÇAISES
42, Avenue du Roule, Paris-Neuilly.

1886

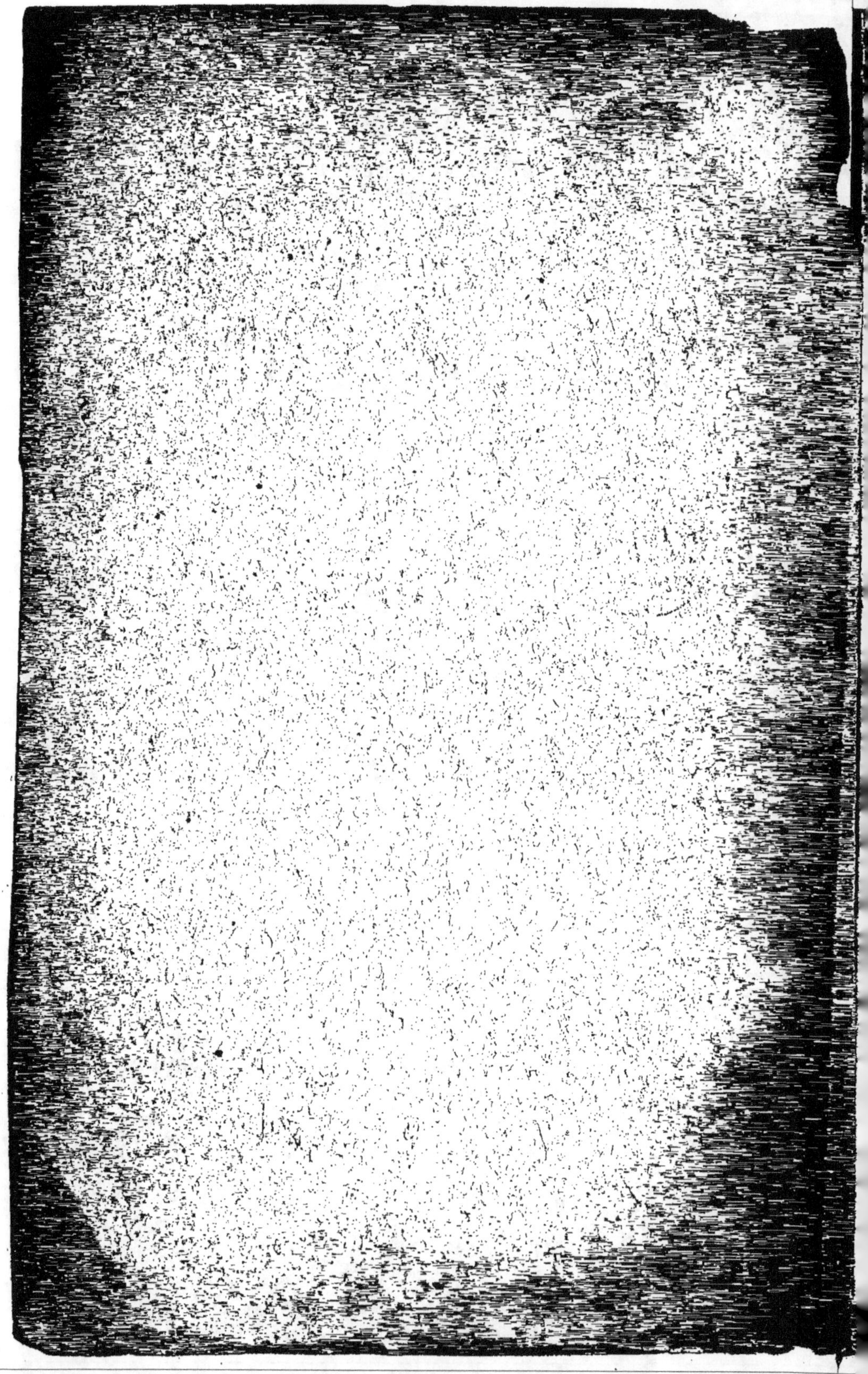

LES ANIMAUX
DE LA FRANCE

ÉTUDE GÉNÉRALE
DE TOUTES NOS ESPÈCES CONSIDÉRÉES
AU POINT DE VUE UTILITAIRE.

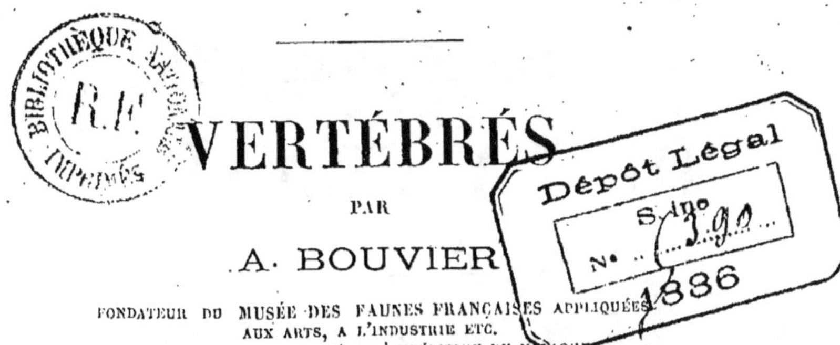

VERTÉBRÉS

PAR

A. BOUVIER

FONDATEUR DU MUSÉE DES FAUNES FRANÇAISES APPLIQUÉES
AUX ARTS, A L'INDUSTRIE ETC.
EX–ZOOLOGISTE ATTACHÉ A L'EXPÉDITION DU MEXIQUE,
CHARGÉ DE DIVERSES MISSIONS SCIENTIFIQUES A L'ÉTRANGER,
FONDATEUR ET MEMBRE DE PLUSIEURS
SOCIÉTÉS SAVANTES, ETC...

1re PARTIE

MAMMIFÈRES

AU MUSÉE DES FAUNES FRANÇAISES
42, Avenue du Roule, Paris-Neuilly.

1886

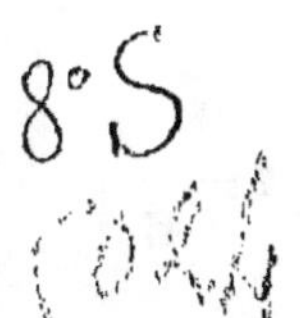

LES ANIMAUX
DE LA FRANCE

VERTÉBRÉS

L'auteur, fondateur du MUSÉE DES FAUNES FRANÇAISES, *appliquées aux arts et à l'industrie, etc.. se met à la disposition des personnes qui voudraient bien lui envoyer des animaux à déterminer ou à étudier; il sera heureux également de tous les renseignements qu'on voudra bien lui fournir pour compléter son travail dans une prochaine édition, et aussi le rectifier s'il y a lieu.*

AVIS AU LECTEUR

Dans ce volume, entrepris tout d'abord pour faciliter la visite de notre MUSÉE PRATIQUE DES FAUNES FRANÇAISES, et trop rapidement écrit, (car nous avons dû développer le texte des applications beaucoup plus que nous ne le pensions d'abord), nous n'avons eu d'autre but que de vulgariser la connaissance de notre faune; de donner scientifiquement la liste de tous les animaux de la France continentale, avec son littoral y compris la Corse et l'Alsace-Lorraine, momentanément séparées; puis de faire connaître pratiquement en quoi ces animaux sont *utiles* ou *nuisibles.*

Scientifiquement ce CATALOGUE DE NOS RICHESSES NATIONALES n'est que *provisoire*, car nous ne nous dissimulons pas que les limites de variations dans les *formes* ou *espèces* de plusieurs de nos petits mammifères, batraciens, reptiles et surtout poissons de nos côtes ne sont encore que bien imparfaitement connues, et que même plusieurs de ces formes ou espèces ont encore pu échapper à l'observation.

Nous n'avons pas cru devoir adopter la classification trop radicale, selon nous, d'ANIMAUX UTILES et d'ANIMAUX NUISIBLES. *Toutes les créations ont un but dans la nature, et chaque animal a son rôle à remplir dans ses vastes et belles harmonies* (1); mais l'homme par la civilisation et ses conséquences (défrichements, desséchements, cultures, etc.), est venu modifier et détruire cet équilibre pour en tirer son profit particulier. Quelques animaux n'ont donc plus eu de rôle utile chez

---

(1) Il suffirait pour convaincre *l'observateur* le plus incrédule, qu'il aille habiter quelques mois, comme nous l'avons fait, au milieu des forêts vierges du Nouveau monde.

nous ; certains même sont devenus nuisibles ; mais un plus grand nombre se sont trouvés être nos auxiliaires plus ou moins constants. A ce titre nous devons savoir subir certaines de leurs déprédations, car on ne peut avoir de serviteurs sans avoir aussi des gages à payer.

Nous n'avons donc pas voulu rester dans l'étude sèche et aride d'une nomenclature scientifique des animaux qui nous entourent, mais les étudier au point de vue PRATIQUE *connaitre leurs mœurs et les avantages qu'ils nous procurent ; les services qu'ils nous rendent en agriculture, dans nos jardins et jusque dans nos demeures ; les dégâts qu'ils peuvent causer, et, conséquemment, les moyens d'y remédier ; les produits qu'ils fournissent au commerce ; les ressources qu'ils offrent à l'alimentation et à la médecine ; l'emploi des diverses parties de leurs dépouilles dans les arts et l'industrie.*

Cette étude nous a démontré que leur **utilité** ou leur **nuisibilité**, étaient variables suivant leur nombre, suivant les temps, les lieux et les cultures (1).

Nous estimons généralement que, sauf de rares exceptions, tous les animaux considérés comme *utiles* commettent souvent des dégâts, et que ceux considérés comme *nuisibles* nous rendent souvent aussi plus d'un service. C'est pour cela donc qu'il est bon de bien connaître leurs mœurs, afin de savoir quand et comment ils sont utiles, quand et comment ils sont nuisibles.

Quelques exemples suffisent pour s'en convaincre.

Les Cerfs et Chevreuils, utiles comme animaux d'agrément par excellence et gibiers de choix, deviennent nui-

---

(1) C'est sur des observations de ce genre, mais très approfondies, que les *chasses* et *pêches* devraient être autorisées et réglées, dans un pays appauvri d'animaux de toutes sortes, comme chez nous.

sibles par leur nombre dans les grandes forêts qu'ils ébourgeonnent, mais le sont toujours au voisinage des pépinières et des cultures qu'ils détruisent.

La Taupe, très utile en dévorant des quantités de vers blancs, et en drainant certains terrains, devient nuisible par son abondance dans les prairies qu'elle bouleverse et détruit.

La Buse (1) rend de grands services en détruisant en été dans les bois et les champs de nombreux petits rongeurs et reptiles; mais l'hiver, près de nos fermes, elle dévore nos poules et canards.

La Perdrix, très utile pour notre agrément comme chasse et comme alimentation, dévore nos graines lors des moissons et fait de plus grands dégats encore à l'époque des semailles.

Beaucoup d'oiseaux d'eau très estimés comme gibiers, se nourrissent surtout de frai de poissons dont ils détruisent d'immenses quantités et dépeuplent nos cours d'eau.

Le Crapaud, dont on recommande l'introduction dans nos jardins pour détruire les insectes et les limaces, aime bien mieux encore les fraises et devient très nuisible au milieu de leur culture à l'époque de leur maturité.

Le Brochet, que l'on introduit dans nos étangs, y devient un fléau lorsqu'il s'y multiplie trop.

Chacun connaissant bien les mœurs des animaux qui l'entourent, pourrait, suivant la saison, suivant le milieu où il vit, suivant sa profession et ses besoins ou celui des cultures qui l'environnent, protéger, attirer, éloigner ou détruire telles ou telles espèces.

____

(1) C'est surtout dans la deuxième partie de ce travail, à l'occasion des oiseaux, que nous pourrons citer de nombreuses espèces rendant à la fois beaucoup de services, et causant aussi beaucoup de dommages suivant la saison et l'état des cultures.

Les instituteurs, à qui s'adresse plus particulièrement ce travail, pourraient l'appliquer dans leurs leçons, suivant les lieux de leur résidence, et concourir ainsi plus efficacement à la protection des espèces utiles, à la destruction et l'utilisation des espèces nuisibles pour leur région.

Quoique la partie pratique de cette étude ait déjà pris un développement plus considérable que nous ne l'ayons primitivement pensé, nous ne nous dissimulons pas aussi, qu'elle laisse encore bien des lacunes, soit parce qu'elle demanderait souvent des redites presque pour chaque espèce d'animaux, soit parce que les industriels qui emploient certains produits aient quelques intérêts à ne pas en divulguer l'origine ; puis enfin parce qu'aucun travail de ce genre n'ayant encore été fait nous n'avons pu en puiser les éléments [qu'autour de nous et surtout dans nos recherches et observations personnelles, pour lesquelles le temps nous a aussi fait défaut.

Nous comptons donc beaucoup sur l'indulgence du lecteur et nous espérons que, *dans l'intérêt de tous,* il voudra bien collaborer à notre travail en nous faisant part de ses observations, dont nous serons heureux de profiter pour une prochaine édition.

A. BOUVIER.

14 juillet 1886

42 Avenue du Roule, Paris-Neuilly.

MAMMIFÈRES

INTRODUCTION

L'étude de l'*Histoire naturelle* comprend l'étude de tout ce qui nous entoure, de tout ce qui existe et n'est pas le résultat de l'industrie de l'homme.

On la divise en trois grands groupes que l'on appelle *Règnes*.

Le Règne animal, comporte l'étude de tout ce qui est animé, tout ce qui se meut autour de nous.

Le Règne végétal, comprend l'étude de toutes les plantes, depuis les plus grands arbres jusqu'aux plus petites mousses et moisissures.

Le Règne minéral, s'étend à tout le sol qui nous supporte. — La *géologie*, traite particulièrement de la conformation du sol et de son mode de formation.

RÈGNE ANIMAL

On peut diviser l'étude du règne animal en deux groupes : celui des animaux ayant un squelette interne caractérisé par la présence d'un axe osseux formé par plusieurs os appelés *vertèbres*. Nous les appelons **vertébrés**. Leur organisation se rapproche d'avantage de celle de l'homme : ce sont les *animaux supérieurs*.

Tous les autres, plus disparates dans leurs formes et dans leur organisation tantôt très simple, tantôt très compliquée, mais toujours dépourvus d'un squelette interne et de l'axe vertébral, forment le second groupe appelé *animaux inférieurs* ou **invertébrés**.

LES VERTÉBRÉS

Les vertébrés ou animaux supérieurs se divisent, suivant leur conformation, en cinq classes, qui sont :

Les Mammifères

Animaux vivipares à sang chaud, nourrissant leurs petits avec du lait et ayant ordinairement la peau recouverte de poils.

Les Oiseaux

Animaux ovipares, à sang chaud, ayant des ailes et la peau couverte de plumes.

Les Reptiles

Animaux ovipares, ou ovovivipares, sans métamorphoses, à sang froid, ayant la peau revêtue d'écailles et respirant par des poumons.

Les Batraciens

Animaux ovipares, à métamorphoses, (c'est-à-dire, naissant sous une forme qu'ils ne gardent pas à l'état adulte) à sang froid, ayant la peau nue, respirant avec des branchies dans leur premier état, et avec des poumons à l'état adulte.

Les Poissons

Animaux généralement ovipares, à sang froid, à peau plus ou moins écailleuse, pourvus de nageoires en guise de membres, et ne respirant à tout âge qu'avec des branchies.

MAMMIFÈRES

Cuvier, au milieu du chaos qui régnait encore au commencement du siècle dans nos classifications, voulut simplifier et réduire autant que possible les divisions; il créa neuf ordres pour les mammifères :

1° LES BIMANES ;

2° LES QUADRUMANES ;

3° LES CARNASSIERS ;

4° LES MARSUPIAUX ;

5° LES RONGEURS ;

6° LES ÉDENTÉS ;

7° LES PACHIDERMES ;

8° LES RUMINANTS ;

9° LES CÉTACÉS ;

Mais, pour cela, il lui avait fallu réunir, dans l'ordre des CARNASSIERS, par exemple, des animaux de conformation et de mœurs bien différentes; les *Chéiroptères*, les *Insectivores*, et les *Phoques* ; il en était de même de l'ordre des MARSUPIAUX, des PACHIDERMES et des CÉTACÉS.

Blainville, Geoffroy Saint-Hilaire et Gervais ont heureusement modifié cette classification, et fait ressortir surtout les différences de gestation qui les ont amenés à créer les deux grandes sous-classes de MONODELPHES et de DIDELPHES; suivies, bientôt, d'une troisième : les MONOTRÈMES OU ORNITHODELPHES.

Une classification très suivie actuellement, nous dirons même *à la mode en France*, comme l'est depuis quelques années chez nous, et surtout dans certaines classes de la société, tout ce qui nous vient de l'étranger, suivant en cela cet axiome *exclusivement* français que NUL N'EST PROPHÈTE DANS SON PAYS, est la classification du professeur Claus de Vienne.

Il divise en treize ordres les mammifères qui viennent par les *Marsupiaux* et *Monotrêmes* s'enchaîner naturellement avec la classe des oiseaux; mais cette classification a le tort de réunir comme au temps de Linné, les *Ruminants* aux *Suidés* ou *Porcins* sous prétexte qu'ils sont BISULQUES comme eux, (OU PARIDIGITÉS comme dit Claus) et sans tenir suffisamment compte de cette importante fonction de *rumination* qui permet de former un groupe bien homogène avec des types déjà bien séparés par les formes et les habitudes.

Avec l'illustre professeur Gervais, notre compatriote et ancien maître, nous diviserons les mammifères en trois grands groupes.

1° Les MONODELPHES ou mammifères à développement embryonnaire régulier, comme celui de l'homme ;

2° Les DIDELPHES ou *Marsupiaux*, mammifères à double gestation les *Sarigues*, *Kanguroos*, etc. ;

3° Les ORNITHODELPHES ou *Monotrêmes*, animaux qui par

certains détails de leur organisation forment l'anneau régulier reliant les mammifères avec les oiseaux: les *ornithorhynques* et *échidnés*;

Ces deux derniers groupes n'ayant pas de représentant dans notre pays, ni même en Europe, nous les laisserons de coté pour ne parler que des premiers qu'il divise en treize ordres.

<table>
<tr><td rowspan="10">Terrestres</td><td>QUADRUMANES</td></tr>
<tr><td>CHÉIROPTÈRES</td></tr>
<tr><td>INSECTIVORES</td></tr>
<tr><td>RONGEURS</td></tr>
<tr><td>CARNIVORES</td></tr>
<tr><td>PROBOCIDIENS</td></tr>
<tr><td>JUMENTÉS</td></tr>
<tr><td>RUMINANTS</td></tr>
<tr><td>PORCIENS</td></tr>
<tr><td>ÉDENTÉS</td></tr>
<tr><td rowspan="3">Marins</td><td>PHOQUES</td></tr>
<tr><td>SIRÉNIDÉS</td></tr>
<tr><td>CÉTACÉS</td></tr>
</table>

Parmi ces ordres, neuf seulement se rencontrent actuellement sur notre sol, quoique tous y aient vécu aux époques géologiques.

Depuis lors l'accroissement de la population, le développement de la civilisation, entraînant avec eux les défrichements et les déboisements, sont encore venus réduire notre faune. Le *Renne*, le *Bison*, l'*Auroch* et l'*Élan*, chassés par nos pères, ont peu à peu disparu, et ne se retrouvent plus depuis déjà des siècles.

D'autres disparaissent encore actuellement : le *Daim*

n'existe déjà plus qu'en demi domesticité dans des parcs, le *Lynx*, l'*Ours* et les *Bouquetins* ne sont plus qu'en bien petit nombre et relégués sur les points les plus sauvages des Alpes et des Pyrénées. Le *Castor* ne se rencontre plus que bien rarement dans quelques localités du Bas-Rhône, de l'Isère et de la Drôme ; La *Genette* se voit de moins en moins ; le *Loup* disparaîtra bientôt.

Nous allons successivement passer en revue les cent et quelques mammifères qui sont répartis dans les ordres suivants :

1° Chéiroptères;

2° Insectivores;

3° Rongeurs;

4° Carnivores;

5° Jumentés;

6° Ruminants;

7° Porciens;

8° Amphibies;

9° Cétacés.

Ordre I. — CHEIROPTÈRES [1]

Ce sont nos *Chauves-souris*, caractérisées par le fort développement des phalanges des membres antérieurs, qui soutiennent des membranes aliformes s'étendant jusqu'aux membres inférieurs et se prolongeant ordinairement entre ces derniers.

Les chauves-souris, habitent les grottes, cavernes, caves et souterrains, où elles se réfugient le jour, et restent tout l'hiver dans un engourdissement profond. Ce sont des animaux à mœurs crépusculaires et nocturnes, rendant de grands services à l'agriculture en continuant le soir et la nuit la chasse des insectes que les hirondelles et les martinets poursuivent tout le jour. Leurs excréments qui abondent dans les grottes où elles habitent en grand nombre, forment aussi un *guano* très estimé comme engrais.

Famille des RHINOLOPHIDÉS

Caractérisée par un ornement en forme de feuille sur le nez et la queue entièrement engagée dans la membrane interfémorale.

---

(1) N'ayant pu réunir encore la totalité de ces espèces, rares du reste dans la plupart des collections où elles sont ordinairement mal nommées, nous allons suivre pour leur étude la classification du Docteur Trouessart qui s'en est particulièrement occupé. Plusieurs de ces espèces ont été fortement attaquées avec quelque apparence de raison par M. Z. Gerbe; nous nous réservons donc d'y revenir plus tard, lorsque de nouveaux matériaux seront venus compléter nos collections.

Le Rhinolophe grand fer-à-cheval, *Rhinolophus ferrum-equinum,* SCHREBER.

Le Rhinolophe petit fer-à-cheval, *Rhinolophus hipposideros,* BECHSTEIN.

Le Rhinolophe de Blasius, *Rhinolophus Blasii,* PETERS.

Le Rhinolophe Euryale, *Rhinolophus Euryale,* BLASIUS.

Les deux premières espèces se rencontrent dans toute la France ; les deux dernières sont surtout méridionales.

FAMILLE DES VESPERTILIONIDÉS

Caractérisée par l'absence d'ornement sur le nez et par la queue entièrement engagée dans la membrane interfémorale.

L'Oreillard vulgaire, *Plecotus auritus,* LINNÉ.

Ainsi nommé à cause de ses oreilles démesurément grandes, presque aussi longues que le corps.

La Barbastelle commune, *Synotus barbastellus,* E. GEOFF.

Oreilles grandes encore, mais beaucoup moins longues que le corps. Museau gros et court ; narines s'ouvrant comme chez les précédents au fond d'une profonde rainure. Toutes deux quoique répandues partout ne sont communes nulle part.

Le Vespérien sérotine, *Vesperugo serotinus,* SCHREBER.

Le Vespérien boréal, *Vesperugo borealis,* NILSSON.

Le Vespérien discolore, *Vesperugo discolor,* NATTERER.

Le Vespérien noctule, *Vesperugo noctula,* SCHREBER.

Le Vespérien de Leisler, *Vesperugo Leisleri,* KUHL.

Le Vespérien Maure, *Vesperugo maurus,* BLASIUS.

Le Vespérien pipistrelle, *Vesperugo pipistrellus,* SCHREB.

Le Vespérien abrame, *Vesperugo abramus*, TEMMINCK.

Le Vespérien de Kuhl, *Vesperugo Kuhlii*, NATTERER.

Toutes ces espèces sont plus ou moins rares et à habitats plus ou moins étendus; elles ont des mœurs un peu différentes des précédentes, et se retirent plutôt dans les greniers, les combles, dans les clochers et dans les troncs d'arbres, que dans des grottes et souterrains. Quelques-unes émigrent?

Le Vespertilion des marais, *Vespertilio dasycneme*, BOIÉ.

Le Vespertilion de Capaccini, *Vespertilio Capaccini*, BNP.

Le Vespertilion de Daubenton, *Vespertilio Daubentonii*, LEISLER.

Le Vespertilion échancré, *Vespertilio emarginatus*, E. GEOFF.

Le Vespertilion de Natterer, *Vespertilio Nattereri*, KUHL.

Le Vespertilion de Bechstein, *Vespertilio Bechsteinii*, LEISLER.

Le Vespertilion murin, *Vespertilio murinus*, SCHREBER.

Le Vespertilion à moustaches, *Vespertilio mystacinus*, LEISLER.

La plupart de ces espèces, très variables par leur nombre et par leur dispersion, séjournent pendant l'été comme les précédentes dans les greniers, combles, clochers et troncs d'arbres, mais passent toujours l'hiver dans des souterrains ou cavernes, où quelques espèces se réunissent en grand nombre.

Le Minioptère de Schreibers, *Miniopterus Schreibersii*, NATTERER.

Habite surtout le midi de la France dans les régions montagneuses, et vit dans des grottes profondes; mais on le rencontre accidentellement un peu partout.

Famille des EMBALLONURIDÉS

Caractérisée par une grosse tête, et la queue dépassant de moitié la membrane interfémorale.

Le Molosse de Cestoni, *Nyctinomus Cestonii,* Savi.

Cette espèce, seule de son genre et de sa famille en Europe, habite la région Méditerranéenne où elle est assez rare. Elle est bien distincte de toutes les autres par sa queue épaisse, qui dépasse de près de moitié de sa longueur, la membrane interfémorale.

Toutes ces espèces, malgré la répugnance que leur forme inspire à quelques personnes, méritent entièrement notre protection pour les immenses services qu'elles nous rendent en détruisant de considérables quantités d'insectes crépusculaires et nocturnes que d'autres animaux ne peuvent atteindre.

Ordre II. — INSECTIVORES

Tous les animaux de cet ordre sont des plus utiles à l'agriculture, en raison du grand nombre de larves et d'insectes qu'ils détruisent pour se nourrir. Quelques uns d'entre eux, cependant, peuvent être accusés de dégâts.

FAMILLE DES TALPIDÉS

La Taupe commune, *Talpa europæa*, LINNÉ.

Petit animal très commun dans toute la France et curieux par la conformation de ses pattes antérieures organisées spécialement pour creuser la terre, ce qu'il fait avec une agilité surprenante. La taupe détruit des quantités de larves et particulièrement de vers blancs, ce qui devrait la faire apprécier des cultivateurs; mais en creusant ses galeries souterraines elle coupe quelques racines qu'elle trouve sur son passage et rejette en petits monticules la terre qu'elle déplace, ce qui gêne la fauchaison dans les prairies et bouleverse les semis. Généralement on lui fait une guerre trop acharnée, car ses services sont certainement bien supérieurs à ses dégâts.

Quelques jardiniers, bien avisés, l'introduisent chez eux vers la fin de l'automne pour lui faire nettoyer leur jardin, car pour satisfaire son insatiable appétit elle continue ses travaux tout l'hiver, tant que le sol n'est pas trop fortement gelé. Au printemps dès que la végétation commence à s'activer ils les capturent avec quelques pièges.

La taupe aveugle, *Talpa cœca,* Savi.

Espèce bien voisine de la précédente, mais en différant par une taille un peu plus faible, un museau beaucoup plus pointu et les yeux recouverts par la peau. Ne se trouve que dans la France méridionale. Rend les mêmes services et fait les mêmes dégats que la précédente.

Le *pelage* assez semblable de ces deux espèces est serré, court et luisant; il rappelle le velours et n'est pas aussi employé en pelleterie qu'il mériterait de l'être, mais cela tient sans doute à la difficulté de se le procurer en bon état, car sa peau déjà bien petite est souvent avariée par le piège qui l'a prise; et, quelle que soit la température, son corps entre en si rapide décomposition, qu'il est difficile d'arriver à utiliser une nombreuse chasse. On l'emploie surtout pour les petits objets et en particulier dans la fabrication des porte-monnaies. Quelquefois de ces peaux bien réunies on confectionne aussi des gilets, des casquettes et surtout des doublures de fourrures.

Il y a de nombreuses variétés blanches, grises, isabelles, jaunes, ou avec des taches particlles de ces nuances.

Famille des SORICIDÉS

Le Desman des Pyrénées, *Mygale pyrenaica,* E. Geoffroy.

Petit animal de mœurs aquatiques, à museau très prolongé, à pattes de derrière largement palmées, à queue longue et comprimée en forme de rame, et possédant une glande musquée à la base de la queue.

Il vit dans quelques vallées des Pyrénées, le long des

cours d'eau, détruit beaucoup d'insectes et de mollusques, mais est accusé aussi de manger des grenouilles,
de jeunes poissons et beaucoup de frai ; on prétend même
qu'il détruit beaucoup de truites attirées par la sécrétion
musquée de sa glande anale.

Sa *peau*, douce et brillante, pourrait fournir une jolie
fourrure.

Le Crossope aquatique, *Crossopus fodiens,* PALLAS.

Assez variable dans sa coloration et ses dimensions, ce
petit animal a reçu de nombreux noms. Il est caractérisé
par l'extrémité des dents roux-brun, et les côtés des pieds
et de la queue garnis de poils longs et raides qui faci-
litent sa natation. Nage et plonge admirablement ; détruit
beaucoup d'insectes, de vers et de mollusques ; mais fait
aussi beaucoup de dégâts en mangeant des quantités
d'œufs, de frai et de jeunes poissons. Il est aussi appelé
Musaraigne d'eau.

La Musaraigne vulgaire ou **Carrelet,** *Sorex vulgaris*
    LINNÉ.

La Musaraigne des Alpes, *Sorex alpinus,* SCHINZ.

La Musaraigne pygmée, *Sorex pygmœus,* PALLAS.

Caractérisées toutes trois par les pointes des dents
rougeâtres et l'absence de poils raides sur les côtés des
pieds. Quoique affectionnant les localités humides, elles
ne vont point à l'eau comme le *Crossopus.* Ce sont de
petits animaux courageux et querelleurs qui détruisent
beaucoup d'insectes, mais qui s'attaquent aussi aux
lézards, grenouilles et petits mammifères, et parfois aux
ruchers lorsqu'ils en trouvent. En somme ils font beaucoup plus de bien que de mal.

La Crocidure aranivore ou **Musette**, *Crocidura aranea*, SCHREBER.

La Crocidure leucode, *Crocidura leucodon*, HERMAN.

La Crocidure étrusque, *Crocidura etrusca*, SAVI.

Ces petits animaux, quoique rappelant par leur forme les Musaraignes, en sont facilement distingués par leurs dents toujours blanches. Leur genre de vie est à peu près le même, mais leurs mœurs sont plus nocturnes. Ils recherchent les lieux secs, vivent près des habitations et s'installent volontiers dans les étables ou les celliers durant l'hiver.

Alors, malgré leur petitesse ils font la guerre aux souris, aux mulots, et dévorent même les cadavres de leur propre espèce. Ce sont donc des auxiliaires précieux malgré les quelques dégâts qu'ils peuvent faire.

FAMILLE DES ERINACIDÉS

Le Hérisson commun, *Erinaceus europœus*, LINNÉ.

C'est un petit animal connu de tout le monde et bien caractérisé par son armure de piquants. Il vit dans les bois, les buissons, les broussailles ; se nourrit de vers, limaces, escargots, souris, campagnols, grillons et insectes de toutes sortes ; attaque les serpents et vient à bout même des vipères, dont le venin est parait-il sans effet sur lui.

Sa *chair*, sans être délicate, est mangée dans beaucoup de localités, et est un régal pour les bohémiens et beaucoup de gens de la campagne. On le fait cuire quelquefois comme d'autres animaux, souvent tout entier et directement sur le feu, au milieu d'une boule de terre glaise, après l'avoir farci d'herbes odorantes.

Sa *peau* est utilisée par quelques paysans, à l'exemple de nos pères, pour faire des sortes de cardes.

On l'introduit quelquefois dans les jardins pour y détruire les limaces, escargots et insectes divers; et plus souvent encore dans les caves, remises et celliers, pour y détruire et chasser les souris et autres petits rongeurs.

On croit à tort dans les campagnes qu'il y a deux sortes de hérissons, l'une à museau de chien, l'autre à museau de cochon. A tort aussi, beaucoup de nos savants prétendent qu'il ne saute ni ne grimpe.

On rencontre, mais très rarement, quelques sujets à épines blanches ou jaunâtres.

C'est un animal des plus utiles et qui doit toujours être protégé pour les services qu'il nous rend en détruisant de nombreuses espèces malfaisantes.

Un beau sujet albinos existe dans le musée.

Ordre III. — RONGEURS

—

Ces animaux, comme l'indique leur nom, se nourrissent en rongeant; ils sont pour cela armés d'incisives tout particulièrement tranchantes, mais il leur manque les canines, à la place desquelles se trouve un espace vide nommé *barre*. Les uns sont *herbivores*, *granivores* et *frugivores*; d'autres sont *omnivores* et parfois même *carnivores*. Tous commettent des dégâts, mais ces derniers sont plus particulièrement nuisibles. Quelques uns sont cependant élevés ou recherchés pour leur *chair*, et servent aussi pour leur *fourrure*.

Famille des SCIURIDÉS

L'Écureuil commun, *Sciurus vulgaris*, Linné.

Commun dans les régions boisées, surtout dans les grandes forêts de pins et de sapins dont il affectionne les graines. Il se nourrit aussi de fruits secs, glands, faînes, noix et surtout de noisettes s'il peut en rencontrer; il en fait alors d'abondantes provisions dans des creux d'arbres. Il est aussi friand d'œufs et détruit beaucoup de nichées au printemps.

Sa *chair*, d'un goût agréable, est très recherchée par quelques personnes; mais au printemps, alors qu'il se nourrit surtout de jeunes pousses de sapins, elle acquiert une forte odeur de résine. En Alsace et en Lorraine on l'estime particulièrement en pâté.

Son *pelage*, ordinairement roux, est très variable. Il devient noirâtre dans les montagnes, et revêt l'hiver des teintes grises dans le Nord, quoique bien éloigné encore de cette uniformité grise du *petit gris* des pays septentrionaux, si employé en pelleterie comme doublure de manteaux ou pelisses. Sa fourrure, chez nous est bien inférieure comme teinte, douceur et finesse. Les *poils* de la queue, beaucoup plus longs, sont souvent employés dans la fabrication de pinceaux et vendus sous le nom de *blaireau*.

C'est un petit animal recherché pour conserver en cage à cause de sa gentillesse; mais qui en liberté dans les lieux où il est commun, cause de grands dégâts dans les forêts en rongeant les jeunes pousses et particulièrement les flèches des arbres verts, dont il arrête ainsi la croissance.

La Marmotte vulgaire, *Arctomys marmotta*, Linné.

Bien connue par les voyages que lui font faire en France les jeunes savoyards, cet animal n'habite que la région des Alpes et plus particulièrement les hauts plateaux de nos deux départements de la Savoie.

Elle passe six à sept mois en léthargie au fond d'un terrier bien matelassé de foin, et ne se réveille qu'au printemps. Elle se nourrit d'herbes, de racines et de graines, mais ne cause aucun dommage appréciable dans les régions élevées qu'elle habite.

La *fourrure* de la marmotte, d'un gris plus ou moins foncé, était assez employée autrefois en pelleterie, maintenant le commerce ne l'utilise plus guère que pour faire des manchons communs.

Famille des CASTORIDÉS

Le Castor commun, *Castor fiber*, Linné.

Le castor, très commun dans toute la Gaule au IXe siècle, était encore abondant dans diverses régions et en

Alsace en particulier au XVIIe siècle. Il n'était connu dans l'ancien français que sous le nom de *Bièvre*, nom resté à la petite rivière qui traverse le sud de Paris, à cause du grand nombre de ces animaux réunis autrefois sur ses bords.

Actuellement il a presque disparu de notre sol; quelques sujets seuls vivent encore isolés, dans les îles du bas Rhône, et sur l'Isère et la Drôme. Ils ne sont plus industrieux comme autrefois, mais vivent comme le blaireau ou la loutre dans le fond d'un terrier d'où ils ne sortent que la nuit pour chercher leur nourriture et faire quelquefois d'assez grands dégâts dans les plantations de jeunes saules dont ils sont assez friands.

Malgré leur séjour habituel dans des terriers, leur *peau* a néanmoins conservé toutes ses qualités, et pourrait être, comme celles du Canada, employée dans la fourrure ou la chapellerie; mais leur petit nombre les fait généralement réserver pour les collections d'histoire naturelle.

Un autre produit donne encore de la valeur au castor; c'est une substance onctueuse, molle et très odorante appelée *castoreum*, qui se trouve dans deux poches situées à la base de sa queue, et qui est très employée en médecine comme calmant du système nerveux.

La *chair* des pattes et de la queue est un mets recherché, mais le corps a un goût si amer, dit-on, que les chiens mêmes n'en veulent pas. Cette amertume doit sans doute être attribuée aux tiges et écorces de saules qui font ordinairement la base de leur alimentation.

Famille des MYOXIDÉS

Le Loir commun, *Myoxus glis*, Linné.

Habite surtout le midi de la France; ravage les couvées au printemps; se nourrit de glands, faines, noix et noisettes ; pille nos fruits à l'automne ; et s'engourdit durant tout l'hiver comme les deux suivants.

Le Loir lérot, *Myoxus nitela*, SCHREBER.

Plus petit que le précédent et trop connu des jardiniers sous le faux nom de *Loir*. On le rencontre dans toute la France, il est surtout commun près des lieux habités et des jardins fruitiers où il fait d'immenses dégâts en entamant des quantités de fruits avant même leur maturité, et en dévastant particulièrement les pêchers.

Le Loir muscardin, *Myoxus avellanarius*, LINNÉ.

Répandu dans toute la France, mais moins commun que le précédent. Habite dans les haies et à la lisière des bois ; réunit des provisions pour l'hiver et fait pardonner par sa gentillesse les quelques dégâts qu'il nous cause.

Il est presque uniformément roux doré en dessus, et répand une très légère odeur musquée ; il s'habitue facilement à la captivité.

Les trois espèces ci-dessus sont bien reconnaissables à leur queue aussi longue que le corps et entièrement poilue.

FAMILLE DES CRICÉTIDÉS

Le Hamster commun, *Cricetus frumentarius*, PALLAS.

Ce petit rongeur, le seul chez nous pourvu d'abajoues est particulier à l'Alsace. Il ressemble aux rats, mais a la queue courte. Sa couleur, très variable suivant les individus, est généralement fauve sur le dos, noire sur le ventre, jaunâtre sur les joues, blanche sur la bouche et les pieds. Il fait de profonds terriers où il amasse de grandes provisions de grains pour l'hiver.

Sa *peau*, couverte d'un duvet doux et court surmonté de longs poils soyeux et noirs à leur extrémité, fait une excellente fourrure très employée pour la doublure des vêtements.

Famille des MURIDÉS

Le Rat surmulot, *Mus decumanus*, Pallas.

Le plus gros de nos rats et probablement aussi le plus nuisible. Quoique son introduction date à peine d'un siècle, il infeste toutes les villes d'où il a chassé le rat noir. On le rencontre aussi à la campagne. Sa fécondité est considérable et rien n'égale son appétit. Quoique essentiellement rongeur par sa dentition, il est devenu omnivore et spécialement carnivore. Il pullule particulièrement près des marchés, dans les égouts et les abattoirs.

Sa facilité à nager lui permet de se rendre partout et le fait souvent prendre pour le *rat d'eau*. Ses dégats sont considérables.

Il y a une variété noirâtre assez répandue.

Sa *peau* est utilisée dans la ganterie.

Le Rat des toits, *Mus tectorum*, Savi.

Plus petit que le précédent, il s'en distingue par la longueur de sa queue qui dépasse la longueur de son corps, tandis que chez le surmulot elle est au contraire plus courte. Sa gorge est marquée d'une tache soufre pâle. Il a été découvert en Égypte lors de l'expédition de Napoléon Ier et s'est répandu en France dans le commencement du siècle.

Contrairement au précédent, il recherche les lieux secs, et se trouve surtout dans les greniers et parties élevées des maisons. On le rencontre particulièrement dans les granges, les habitations rurales et les petites villes où n'a pas encore pénétré le surmulot.

Les variétés blanches ne sont pas rares.

Le Rat noir, *Mus rattus*, LINNÉ.

Assez semblable au précédent comme proportions, mais tout noir sur le dos, et très foncé sur le ventre. Originaire de l'Orient, il a été introduit, dit-on, par le retour des Croisés.

M. de L'Isle qui a beaucoup étudié ce rat, le réunit à l'espèce précédente, et comme preuve à l'appui, nous montre toutes les nuances intermédiaires.

Il est certain que ces deux espèces dont les mœurs sont assez semblables, vivent en bon accord, et s'accouplent fréquemment, ce qui a naturellement amené toute une série de teintes intermédiaires.

Ce rat connu autrefois à Paris et dans toutes les grandes villes, en a à peu près disparu depuis l'invasion du surmulot, qui plus grand et plus fort, l'a repoussé, battu et mangé. Il ne se retrouve, comme le précédent, que disséminé dans les campagnes, les petites villes et les villages, où il commet du reste de grandes déprédations.

La Souris, *Mus musculus*, LINNÉ.

Trop connue de tout le monde ; elle infeste nos habitations et sa petitesse lui permet de se glisser partout, où elle fait de grands dégats. Elle varie beaucoup de teinte et les sujets vivant à la campagne sont toujours moins noirâtres et plus roux.

On rencontre souvent des variétés blanches et quelquefois isabelles.

Une foule de pièges et de poisons ont été préconisés pour détruire les rats et les souris ; mais quelquefois on n'ose s'en servir de crainte que des enfants ou des animaux domestiques ne se blessent ou ne s'empoisonnent.

On peut alors employer les préparations suivantes, très bonnes pour détruire les petits rongeurs et présentant peu de danger pour les animaux domestiques : Mêler par parties égales de la farine et du plâtre, qui une

fois introduit dans l'estomac se solidifie et les étouffe.
Ou bien, faire frire dans du saindoux des fragments d'é-
ponges coupés en petits morceaux qui sous l'influence
des liquides de l'estomac se gonflent et les étouffent. Il
est bon dans ce dernier cas de les répandre dans les trous
mêmes de ces petits rongeurs, càr les poulets et autres
oiseaux de basse-cour seraient assez friands de cette
préparation et pourraient aussi en crever.

Le Rat mulot *Mus sylvaticus*, Linné.

Plus grand que la souris, il en diffère surtout par ses
teintes roussâtres en dessus, blanches en dessous et bien
délimitées sur les côtés, ainsi que par une queue bicolore
couverte de poils assez allongés. Il fait dans les champs
non moins de dégâts que nos souris dans les habi-
tions ; détruit les semences, mange les récoltes, dévore
au besoin de jeunes oiseaux ainsi que leurs œufs, et
amasse quelquefois de grandes provisions dans ses terriers. Se retire souvent l'hiver dans les meules de blé
et même jusque dans les granges.

Le Rat à bande, *Mus agrarius*, Pallas.

Un peu plus grand que la souris et moins grand que le
mulot, il en diffère encore par une queue relativement
plus courte et des oreilles plus petites. Brun roux en
dessus, blanc en dessous, il est surtout caractérisé par
un trait dorsal noir. Très rare en France, il a été capturé
près de Cette par notre ami M. Lunel, le conservateur
actuel du musée de Genève ; il est commun et même
abondant dans une grande partie de l'Allemagne.

Le Rat nain ou des moissons, *Mus minutus*, Pallas.

Plus petit que la souris, il se rapproche du précédent
par sa coloration et la petitesse de son oreille ; mais il
n'a pas de bande noire sur le dos.
Comme le muscardin, il se construit un nid aérien, et

le fixe entre quelques tiges de blé ou de fortes graminées. Se nourrit d'insectes, mais surtout de grains et se rencontre souvent dans les gerbes et meules de blé.

Famille des ARVICOLIDÉS

Le Campagnol roussâtre, *Arvicola rutilus*, Pallas.

De la taille de la souris à peu près, mais différant des rats, comme tous les autres campagnols, par une queue courte et bien fournie de poils. Son pelage est assez variable ; sa taille même s'accroît dans les régions montagneuses. Partout il fait de grands dégâts ; les grains, les plantes, les racines, tout lui est bon ; il est du reste insatiable comme tous les autres campagnols. Il réside ordinairement sur la lisière des bois, dans la broussaille ou les buissons.

Le Campagnol aquatique ou **rat d'eau**, *Arvicola amphibius*, Pallas.

A peu près de la taille du rat ordinaire ; mais variable et comme dimension et comme coloris. Vit dans des terriers au bord de l'eau ; a ordinairement une nourriture végétale composée de racines et de plantes bulbeuses ; mais s'attaque aussi aux grenouilles, têtards, et jeunes ou petits poissons.

Dans les étangs, il fait des dégâts considérables et en annule les récoltes en détruisant une grande quantité de frai ou d'alevin, sans parler des œufs et des petits oiseaux aquatiques.

Le Campagnol des neiges, *Arvicola nivalis*, Martins.

Habite les lieux élevés et spécialement les Alpes et les Pyrénées ; fait moins de dégâts que les autres, ses déprédations étant limitées a des régions peu ou pas cultivées. Souvent, dans les châlets, il consomme les provisions des bergers.

Le Campagnol des champs, *Arvicola arvalis*, PALLAS.

C'est le plus répandu et aussi le plus nuisible de tous. Il vit en grand nombre dans les champs au milieu des céréales dont il mange les semences et dont plus tard il coupe les tiges à la base pour en manger et emporter les épis. Blé, seigle, orge, avoine, tout lui est bon.

Dans les pays de plaines, il émigre quelquefois en grand nombre.

On réussit à en détruire beaucoup en faisant, au moyen d'une barre de fer, dans les sillons qu'il fréquente, de nombreux trous profonds et bien lisses au fond desquels il tombe et se noie, s'il y a de l'eau, et d'où il réussit rarement à s'échapper pour peu que l'on fasse quelques tournées pour l'écraser avec la même barre qui sert à faire ou entretenir les trous.

Le Campagnol agreste, *Arvicola agrestis*, LINNÉ.

Plus particulier au nord de la France, où il habite surtout la lisière des bois et les taillis humides.

Ses dégats n'ont que peu d'importance à coté de ceux des espèces précédentes.

Le Campagnol souterrain, *Arvicola subterraneus*, DE SELYS.

Ce campagnol, qui affectionne surtout les terrains humides, a des formes beaucoup plus trappues que les autres et une existence presqu'entièrement souterraine. C'est par les galeries qu'il creuse, qu'il va à la recherche de sa nourriture et fait souvent ainsi de grands dégâts parmi les bulbes, tubercules ou racines, dans les jardins potagers.

Il est probable que par la suite, une étude plus approfondie de nos campagnols nous fera accepter comme espèces distinctes plusieurs autres formes déjà signalées, mais peu connues et que l'état actuel de la science ne considère que comme de simples variétés.

Famille des LÉPORIDÉS

Le Lièvre commun, *Lepus timidus*, Linné.

Blanchâtre sous le ventre surtout en hiver, il est plus ou moins roux sur les côtés et sur le dos. Ses oreilles grises ont toujours la pointe noire, et les jambes de derrière sont très longues. Toujours sur le qui-vive, il se repose le jour et ne sort qu'au crépuscule pour chercher sa nourriture, herbes, racines, trèfle, choux, etc.

S'il était très abondant il deviendrait très nuisible et ferait le désespoir des cultivateurs, qui déjà s'en plaignent souvent. Les chasseurs, au contraire, le proclament très utile et le font garder avec des soins jaloux.

Personne n'ignore la qualité de sa chair, *viande noire* par excellence.

Sa *peau*, qui devient plus douce et plus fournie de poils en hiver qu'en été, fait l'objet d'un commerce important. Quelquefois elle est employée telle qu'elle, en fourrure, pour couvertures de voitures, tapis, manchons ou doublure de pelisses ; mais le plus souvent elle est tondue et fournit alors à l'industrie une matière première précieuse et abondante. Les *poils*, en effet, ont la propriété de se feutrer très aisément et sont très demandés par la chapellerie qui les paie de 10 à 38 francs le kilo, suivant leur qualité de poils d'été ou poils d'hiver, et suivant leur provenance sur la peau ; car le même animal fournit quatre qualités à la fois. L'arête ou dos forme la première, puis les flancs, le ventre, et enfin la tête et la queue.

La chapellerie consomme en France, par an, plusieurs centaines de milles de peaux.

Le cent de peaux se vend en moyenne, à la halle aux cuirs, de 60 à 65 francs. Les peaux de lièvres alsaciens et allemands, qui sont plus grands que les nôtres, et qui arrivent en quantité à Paris, se vendent de 90 à 100 francs.

Cent peaux de lièvres français fournissent de 3 à 4 kilos et demi de poils ; tandis que cent peaux allemandes peuvent en fournir jusqu'à 8 kilogrammes.

La *peau*, privée de ses poils, est encore utilisée et sert à faire de la colle-forte.

Le Lièvre Méditerranéen, *Lepus mediterraneus*, WAGNER.

Plus régulièrement roux que le précédent, ses poils sont aussi moins serrés et plus courts, ses oreilles plus minces. Diverses particularités ostéologiques le distinguent aussi, entres autres, son palais plus étroit.

Il n'habite que nos départements méditerranéens, et s'accouple quelquefois avec le lièvre commun. Sa *chair* en a les mêmes qualités, mais sa peau a moins de valeur.

Le Lièvre blanc, *Lepus variabilis*, PALLAS.

Cette espèce, particulière aux Alpes et aux Pyrénées, a les oreilles moins longues que les précédents, et les jambes de derrière aussi un peu plus courtes. Il est tout blanc l'hiver, à l'exception des oreilles qui restent noires aux extrémités ; dans l'été, il est brun, varié de blanc, de gris et de roux. Sa *peau* alors, à moins d'être teinte, n'est bonne que pour la chapellerie, tandis que l'hiver, elle est soigneusement gardée pour être utilisée en fourrure.

Sa *chair* quoique moins délicate que celle du lièvre commun, n'en est pas moins recherchée par les chasseurs.

Le Lapin de garenne, *Lepus cuniculus*, LINNÉ.

Il diffère du lièvre par les pattes de derrière beaucoup plus courtes, et par la pointe des oreilles terminée de gris brun au lieu de noir. Comme chez ces derniers, le ventre est blanc ainsi que le dessous de la queue, mais le dos est mélangé de noir, de fauve et de cendré. Il affectionne les dunes et coteaux montagneux où il peut facilement creuser des terriers. Il redoute le froid et l'humidité ; est très prolifique, et devient souvent un fléau pour l'agriculture, ainsi que pour les forêts dont il écorce les arbres pendant l'hiver. Sans aucune défense, il est facilement la proie de beaucoup d'animaux.

Sa *chair* toute blanche ne peut être confondue avec celle du lièvre et est beaucoup moins savoureuse, quoique bien supérieure encore à celle du lapin domestique, dont il n'atteint jamais la taille.

Sa *fourrure*, épaisse et douce, n'a peu de valeur, sans doute, qu'à cause de son extrême abondance. Sa peau d'hiver est seule employée comme fourrure et se plie à un grand nombre d'usages, les peaux d'été sont toujours tondues pour la chapellerie. Elles se vendent à la halle aux cuirs de 50 à 55 francs le cent.

Le Lapin domestique, *Lepus domesticus*, LINNÉ.

Il présente de nombreuses variétés que nous connaissons tous, et acquiert une plus grande taille que le lapin de garenne.

Les facilités avec lesquelles on le nourrit et sa grande fécondité, lui font rendre de grands services à l'alimentation publique, en même temps qu'il est une sérieuse source de profit pour les éleveurs.

Paris seul en consomme plus de 5,000,000 par an.

Sa *chair* est bien moins fine que celle du lapin sauvage ; elle sent souvent le choux dont on l'a nourri.

Sa *peau* de plus grande taille que celle du lapin de garenne est plus recherchée pour la fourrure, surtout lorsqu'elle est de teinte uniforme, et bien fournie de poils comme pendant l'hiver. Elle vaut alors environ un franc pièce et est employée en couverture, doublure de fourrure, bordure.

Quelques peaux acquièrent encore une valeur plus élevée, soit à cause de leur finesse et de la longueur des poils (*lapin angora*); soit à cause de la teinte bleue ardoisée pure (*lapin riche*); ou bleu ardoisé mêlé de blanc (*lapin argenté*); mais la plus grande partie n'est utilisée que pour la chapellerie et pour ses poils que l'on coupe et vend de 7 à 25 francs le kilo, suivant leur qualité, bien choisie sur les différentes parties de l'animal. Les peaux dépouillées de leurs poils servent comme celles du lièvre, à faire de la colle forte.

On peut évaluer par an la récolte en France à 35,000,000 de peaux, ainsi tondues et vendues pour la chapellerie; puis à environ 5,000,000 le nombre des peaux de choix réservées pour être employées soit naturelles, soit teintes, et servant alors à des imitations de fourrure.

Par d'habiles procédés de teintures et de lustrage, on arrive, en effet, à leur donner l'apparence de *fouines*, *martres* ou *visons* de divers pays; en les tondant à mi-poils on en fait des *castors;* tondus plus court on les transforme en *taupes* ou *loutres* plus ou moins rares. De quelques peaux de jeunes on fait même du *chinchilla*.

Famille des COBAYIDÉS

Le Cochon d'Inde ou Cobaye, *Cavia porcellus*, Linné.

Ce petit animal a été introduit et acclimaté en Europe quelque temps après la découverte de l'Amérique, ce qui fait supposer à beaucoup de gens qu'il est originaire de l'Amérique et dire qu'il descend du *Cavia aperea;* ce qui est loin d'être prouvé.

Quoiqu'il en soit, sa longue existence chez nous, nous paraît lui donner de suffisants droits de cité pour pouvoir le signaler ici à son rang.

Il a des mœurs très douces, s'accommode de tout, excepté du froid; subit sans plaintes et sans aucune défense, les caresses et autres traitements des enfants, aussi le leur donne-t-on souvent comme jouet.

Beaucoup de gens l'élèvent aussi dans la persuasion que son odeur chasse les souris; mais lorsque dans l'hiver on leur donne des grains, il n'est pas rare de voir les souris manger avec eux.

C'est un animal très prolifique, et les jeunes qui naissent couverts de poils courent dès leur naissance.

Sa *chair* est saine et recherchée de quelques personnes quoiqu'elle soit un peu fade. On fait ordinairement cuire le cobaye avec sa peau, et on le farcit de quelques épices qui relèvent avantageusement son goût.

Ordre IV. — CARNIVORES

—

Ce sont des animaux généralement plus ou moins sanguinaires, qui ont été destinés, dans l'harmonie générale de la nature, à venir mettre obstacle à la trop grande multiplication des espèces herbivores. Ce sont eux aussi qui doivent disparaître les premiers devant la civilisation, venant utiliser à son profit ces mêmes herbivores.

Ils sont pourvus de trois sortes de dents avec des canines puissantes. Les uns s'appuient, pour marcher, sur tout le pied, tel que l'Ours et le Blaireau, ce sont des *plantigrades* ; leur course est moins rapide, la proie pourrait leur faire défaut, aussi leur régime est souvent mélangé de substances végétales. Les autres, *digitigrades*, marchant sur l'extrémité des doigts, et plus rapides à la course et au saut, sont plus carnassiers.

Quelques-uns, ceux qui saisissent leur proie d'un bond et par surprise, ont les ongles *rétractiles*, c'est-à-dire pouvant à volonté être très saillants pour maintenir leur proie, ou tout à fait rentrés pour pouvoir trouver, par un appui direct des parties charnues sur le sol, toute l'élasticité nécessaire au bond.

L'homme s'attache, comme auxiliaire quelques-uns de ces animaux et fait tourner à son profit leur instinct carnassier. Ce sont : Le *Chat*, comme destructeur de souris, le *Furet* et le *Chien* comme chasseurs, ce dernier aussi comme gardien.

Famille des FÉLIDÉS

Le Chat sauvage, *Felis catus*, Linné.

Un peu plus grand et plus vigoureux que notre chat domestique, il est toujours uniformément rayé de fauve, de noir et de gris ; sa queue est régulièrement annelée ; son poil, plus long et plus doux, est aussi plus laineux en dessous.

Rare maintenant en France, il habite les grands bois, surtout dans les montagnes, chasse le soir et la nuit, détruit beaucoup de rats, mulots, musaraignes, ainsi que du gibier plus ou moins gros, et même des poissons sur les bords des lacs et rivières.

Sa *chair*, recherchée autrefois, est passée de mode.

Sa *peau* serait beaucoup plus appréciée si ce n'était pas un animal du pays ; on en fait des tapis et des gants-mitaines ; mais c'est surtout chez les pharmaciens que l'on vend sa fourrure réputée bonne pour les douleurs. Son prix moyen est de 3 à 6 francs la peau, mais c'est l'étranger, qui en fournit le plus.

En somme, malgré les quelques services qu'il nous rend en détruisant des petits rongeurs, c'est un animal parfaitement nuisible.

Le Chat domestique, *Felis domesticus*, Brisson.

Très commun partout, il est devenu l'hôte de chaque maison, car l'homme a su s'en faire un auxiliaire pour se débarrasser des souris et rats qui l'infestaient.

Sa *chair*, qui n'est pas recherchée sous son nom, fait d'excellente *gibelotte de lapin* dans tous les faubourgs des grandes villes.

Sa *peau* sert surtout à faire des mitaines, ses poils servent aussi à faire du feutre commun pour tapis, mais ils ne sont pas employés en chapellerie, car ils sont trop durs (*aigres*, disent les fabricants) pour un bon feutrage.

Il en existe de très nombreuses variétés, dont les principales sont :

Le *Chat angora*, ayant une belle fourrure à poils longs et doux ; lorsque sa fourrure est entièrement blanche, elle est souvent employée, en place du renard blanc (du

nord), pour bordure de pelisse et autres ; mais elle n'est
ni aussi douce ni aussi fournie.

Le *Chat d'Espagne*, dont la fourrure est agréable-
ment mêlée de roux vif, de beau noir et de blanc éclatant,
est peu commun chez nous.

Le *Chat de Chartreux*, à fourrure d'un gris cendré
luisant et bien uniforme, quelquefois plus foncé sur le
dos, est fréquemment employé pour du *Petit-gris*.

En réunissant des peaux de chat assorties de nuances,
on fait d'assez bons tapis, car les poils profondément
fixés dans la peau résistent aux frottements les plus forts
sans s'arracher, et restent toujours moins attaquables
aux insectes que les autres.

Comme pour les peaux de lapins, l'art du fourreur
arrive à modifier et embellir leur apparence, aussi voit-
on, parfois dans le commerce, des peaux de chats de
gouttières vendues sous les noms les plus fantaisistes.

Le Lynx, *Felis lynx*, LINNÉ.

Est à peu près disparu de la France, et ne se retrouve
que sur ses confins, le Jura, les Alpes et les Pyrénées
où il habite les gorges sauvages et rocheuses. Cet animal
du genre chat, mais d'une taille bien plus forte, est brun-
fauve l'été avec de nombreuses taches plus foncées sur le
dos, plus fondues sur les flancs ; ses parties inférieures
sont blanchâtres. En hiver son poil devient plus long et
plus gris. Sa tête grosse et ronde est surmontée de fortes
oreilles triangulaires, terminées par un pinceau de poils
raides et noirs. Sa queue courte et droite est aussi toujours terminée de noir.

Sa *chair* est réputée très bonne par les quelques personnes qui ont eu occasion d'en manger. La médecine lui
attribuait des propriétés particulières ; en 1819, elle
l'ordonnait au roi de Bavière comme remède contre le
vertige.

Sa *fourrure* d'été est jolie; mais celle d'hiver, très recherchée comme tapis et couverture, se détériore rapidement.

Cet animal est, fort heureusement, devenu très rare, car c'est un grand destructeur de gibier, se nourrissant principalement de lièvres, tétras et gélinottes, sur lesquels il bondit depuis une forte branche où il se tient accroupi et aux aguets. Il détruit aussi beaucoup de chamois dont il brise souvent les reins d'un seul coup. On lui a vu, en une seule nuit, égorger plus de trente moutons; car il détruit par instinct et sans y être poussé par la faim.

Famille des VIVERRIDÉS

La Genette, *Genetta vulgaris*, Linné.

Petit animal de la taille du chat à peu près, mais à corps plus allongé, plus bas sur jambes et à queue aussi longue que le corps.

Son poil, doux et brillant, est parsemé de taches noires sur un fond roux safrané et cendré. Le rapprochement des taches forme une ligne continue sur le dos, et la queue est annelée de noir.

C'est un animal de mœurs nocturnes, qui se nourrit de petits rongeurs, d'oiseaux, d'œufs, de reptiles et d'insectes, et qui secrète, dans deux fentes inguinales, une substance onctueuse analogue au produit de la *civette*. Domestiqué au Maroc, il rend de grands services en détruisant les rats et souris, mais son odeur, trop pénétrante, en rend impossible l'introduction dans nos maisons françaises.

Devenue rare en France, la genette ne se rencontre qu'au sud de la Loire, mais non à l'Ouest du Rhône, comme le pensent quelques auteurs. Nous connaissons en effet, une capture faite, il y a quelques années à Molamboz, près d'Arbois dans le Jura; plusieurs faites dans les départements de Vaucluse, Bouches-du-Rhône et Var; et une autre très récente à Puget-Théniers dans les Alpes-Maritimes. Le département de la Gironde, qui en reçoit beaucoup d'Espagne et d'Afrique, en a centralisé le commerce.

Sa *fourrure*, légère, agréable et douce, était anciennement très recherchée. Il y a quelques années encore, elle était assez estimée et employée pour certains tapis de table, bordures, etc.; mais les nombreuses imitations que l'on en a faites avec des peaux de lapin teintes, l'ont tout-à-fait discréditée.

Le musée en possède un bel exemplaire capturé près d'Angoulême, par notre ami le Dr de Rochebrune.

Famille des CANIDÉS

Le Chien domestique, *Canis familiaris*, Linné.

Dès la plus haute antiquité, le chien est devenu le meilleur auxiliaire de l'homme pour la chasse, pour la garde de ses troupeaux et pour sa propre garde ou défense personnelle.

Il nous offre de très nombreuses variétés ou races, par sa taille, ses formes, sa couleur, ainsi que par la nature de son poil, et se distingue de tous ses congénères par sa queue plus ou moins recourbée en l'air.

Parmi les principales races on peut citer : les mâtins, les lévriers, les épagneuls, les barbets, les pointers, les braques, les bassets, les terriers et les dogues.

Chaque race a des qualités et aptitudes particulières, que nous connaissons tous plus ou moins, et qui peuvent se résumer en :

Chasse de toutes sortes de gibiers, poils et plumes. Garde et conduite de troupeaux. Garde et défense de l'homme. Garde de propriétés, voitures, etc. Destruction des rats. Tourneur de roues pour forgerons, cloutiers,

couteliers, rotisseurs. Animal de trait pour petites-voi-
tures, etc.....

Le chien est sujet à prendre spontanément une maladie
terrible, la rage, qu'il communique par la morsure à
l'homme et aux animaux, et contre laquelle, jusqu'à ces
derniers temps, aucun remède n'était connu. Les décou-
vertes récentes d'un de nos illustres savants, M. Pasteur,
viennent heureusement d'en paralyser les effets.

Sa *chair*, très estimée dans certains pays, n'était pas
utilisée en France. Le siège de Paris de 1870 en a fourni
l'occasion, et nos observations personnelles nous per-
mettent d'affirmer la bonté de la chair des épagneuls,
pointers et braques, tandis qu'au contraire celle des dogues et surtout des terriers, est fade, désagréable et parfaitement indigeste.

Sa *peau*, préparée en tapis ou descente de lit, n'est pas
d'un long usage, car le poil, très couché naturellement
et assez doux, ne se retourne pas sous le pied qui le foule,
et se brise ou s'use rapidement.

Son *cuir*, très solide et compacte, fait d'excellentes
chaussures et est aussi très employé dans la ganterie
forte, pour conduire ou monter à cheval.

La médecine ou plutôt la sorcellerie, faisait autrefois
un grand emploi des diverses parties du chien, soit en
nature, soit calcinées et en poudre ; avec lui, elle guérissait
ou prévenait tous les maux, donnait de la force et du
courage aux hommes, et de la beauté aux femmes. Il y a
peu de temps encore que ses excréments sous le nom
d'*Album græcum* étaient fort employés en médecine, à
l'extérieur en emplâtre pour les abcès, et en poudre à l'in-
térieur, contre la dyssenterie et les maux de gorge ;
aujourd'hui ce dernier produit est employé par quelques
tanneurs à l'assouplissement de certaines peaux.

Le Loup, *Canis lupus,* LINNÉ.

Il diffère surtout du chien par son pelage fauve, sa queue et ses oreilles droites.

Quoique ayant beaucoup diminué de nombre depuis quelques années, on en rencontre un peu partout dans les régions boisées et montagneuses. C'est en hiver surtout qu'on le tue, alors que pour trouver sa nourriture devenue plus rare, il abandonne la retraite qu'il s'était choisie dans la forêt. Il attaque alors nos animaux domestiques et fait de grands ravages dans les troupeaux ; parfois même il attaque l'homme. Aussi l'État paye-t-il toujours des primes pour sa destruction, 6 francs pour un louveteau, 12 francs pour un loup, 15 francs pour une louve et 18 francs pour une louve en gestation. Ordinairement il se nourrit de lièvres, de chevreuils, mulots et autres petits mammifères, et même de charognes.

Quelquefois, dans des fermes isolées, on a vu des chiennes mettre bas des produits du loup ; l'inverse, beaucoup plus rarement, a lieu aussi, et le musée possède un bel exemple de produit de cet accouplement provenant de la forêt de la Braconne, dans la Charente, et que nous devons à l'obligeance de M. le Dr de Rochebrune.

La fourrure du loup du midi de la France n'est pas estimée, mais les peaux provenant du Nord ou des grandes montagnes, quoique un peu rudes et d'un gris fauve et terne, sont très employées en couvertures de voitures ou de traîneaux, tapis, et quelquefois paletots de chasseurs.

Leur valeur varie suivant l'état de 10 à 12 francs.

On emploie aussi la peau, dépourvue de ses poils, à faire des gants, des peaux de tambour, des cribles, etc.

Une variété noire très rare, fournissant une agréable fourrure, a longtemps été prise comme espèce sous le nom de *Canis lycaon* et passait pour être très redoutable.

Le Renard, *Canis vulpes*, LINNÉ.

Voisin aussi du chien, il en diffère par une taille plus petite, une peau plus fournie, une tête plus large, un museau plus effilé, des oreilles assez grandes, droites, pointues et noires par derrière, une queue longue, droite et touffue,

Sa fourrure d'un joli fauve en dessus est plus ou moins jaune sur les côtés et cendrée à la poitrine et au ventre.

Quelques individus plus roux, sont dits, *dorés*; d'autres plus gris, *argentés* ou *nobles;* d'autres plus noirs, *charbonniers;* ou ayant seulement une raie noire sur le dos traversée par une autre sur les épaules, *croisés*.

Cet animal, à mœurs nocturnes ou au moins crépusculaires, est très répandu dans nos bois ; il a la pupille oblongue et vit dans des terriers, se nourrit de lièvres, lapins, et de petits mammifères de tous genres, rongeurs et autres ; perdrix, cailles, oiseaux et œufs de toutes sortes ; au besoin il mange des serpents, lézards, grenouilles ou même des insectes ; mais il est surtout la terreur des poulaillers, des fermes isolées, et même des villages pendant l'hiver ; ses dépradations sont immenses et continuelles. En cas de disette, il se nourrit aussi de fruits, mais il a toujours une prédilection pour le raisin et le miel.

Un bon appât pour l'attirer, quand on veut le tuer à l'affût, consiste en quelques os ou morceaux de lard grillés.

Sa *chair* est très peu recherchée à cause d'une odeur forte qui lui est propre ; quelques personnes la mangent cependant après l'avoir fait tremper, suivant la saison, de deux à six jours dans une eau vive et courante, ou bien après l'avoir fait geler pendant l'hiver. Il faut aussi, comme au lapin, lui vider la vessie de suite après sa mort.

Sa *fourrure* qui est très commune n'est pas recherchée, quoique assez belle ; elle reste dans les prix de 3 francs à 3 francs 50, cependant de très belles peaux vont parfois jusqu'à 6 francs.

De sa *queue*, les bourreliers et selliers font aussi des sortes de *chasse-mouches*.

C'est un animal très commun et très nuisible que les chasseurs et les cultivateurs ont grand intérêt à détruire, mais contre lequel ils n'osent souvent pas employer les pièges ou le poison, de crainte que les chiens n'en soient victimes. Ils peuvent alors se servir avec succès de rats, taupes ou belettes que les chiens ne mangent pas, et qu'ils jettent dans les environs de leurs terriers après les avoir empoisonnés avec de la strychnine ou de la noix vomique.

Famille des URSIDÉS

L'ours, *Ursus arctos*, Linné.

Le plus gros de nos carnassiers, trop connu pour être décrit. Assez commun autrefois, il a successivement disparu devant les défrichements. Il y a un siècle il existait encore en Alsace ; actuellement il ne se rencontre plus que dans quelques points du Jura, des Alpes et des Pyrénées.

Ceux de cette dernière région, plus petits, et plus fauves, que les autres, forment probablement une espèce distincte (*Ursus pyrenaïcus*, F. Cuvier). C'est surtout un animal omnivore, vivant de bourgeons ou jeunes pousses, de glands, de faînes, de châtaignes, de fruits de toutes sortes, de racines, de champignons, de blés, orges ou avoines, ainsi que de miel ou d'œufs et larves de fourmis.

On ne le rencontre que dans les endroits les plus sauvages où il habite des cavernes, anfractuosités de rochers ou intérieurs de vieux arbres. Sans hiverner, il a de longs sommeils pendant l'hiver et descend dans la plaine lorsque la montagne ne lui fournit plus de nourriture. Alors, s'il est vieux surtout, il attaque les animaux et devient réellement carnassier et dangereux; mais il est dans ce cas, fortement traqué, car sa capture est un grand profit pour le chasseur, qui, outre la prime et les cadeaux des possesseurs de troupeaux voisins, tire encore grand avantage de sa chair et de sa peau.

Sa *chair*, soit fraiche, soit fumée est très recherchée; on apprécie particulièrement celle des jeunes. Les pattes sont réputées morceaux de choix par quelques gourmets.

Sa *graisse* qui est blanche, qui ne durcit pas et ne rancit pas, a aussi beaucoup de réputation pour guérir les douleurs, arrêter la chûte des cheveux, etc... Autrefois même on lui attribuait bien d'autres vertus, entre autres celle de rendre courageux.

Sa *peau* forme une excellente fourrure très recherchée comme tapis ou couverture de traineaux.

Un exemplaire tout blanc a été tué aux environs de Gavarnie.

Famille des MUSTÉLIDÉS

Le Blaireau, *Meles taxus,* Schreber.

Gris brun en dessus, plus clair sur les flancs et noirâtre en dessous, le Blaireau a la tête blanche avec une large bande noire de chaque côté. Il est court sur jambes, armé de fortes griffes, et vit dans des terriers qu'il creuse dans des forêts accidentées. Il est omnivore, comme l'Ours; ses habitudes sont surtout nocturnes et il nous

rend de grands services en détruisant de petits rongeurs,
des vers, larves, insectes, reptiles et particulièrement
des vipères dont le venin n'a, paraît-il, pas d'action sur
lui ; mais il détruit aussi de nombreuses couvées d'oiseaux
nichant à terre, et lorsque les blés, les sarrasins et surtout les maïs sont mûrs, il y fait de grands dégâts. Il est
aussi très avide du miel des abeilles et des bourdons.

Beaucoup de chasseurs et la plupart des paysans croient
à l'existence de deux espèces, l'une à museau de chien,
commune au printemps, l'autre à museau de cochon plus
fréquente en automne ; mais cela tient sans doute à leur
état de maigreur dans le premier cas et d'embonpoint
dans le second, qui leur déforme alors légèrement le
museau.

Sa *chair* est assez délicate, surtout à la fin de l'automne
lorsqu'il est gras, et s'est beaucoup nourri de végétaux.

Sa *graisse* passe pour avoir de grandes vertus pour
les douleurs, rhumatismes et contusions.

Sa *fourrure* grossière est peu employée telle que,
excepté dans quelques localités ou les bourreliers en
bordent les colliers de chevaux et mulets ; mais les poils
détachés de la peau et surtout ceux de la queue, sont
fort recherchés par la brosserie fine qui en fabrique des
brosses à dents, des pinceaux pour la barbe, pour l'aqua-
relle, pour épousseter des objets délicats ou étendre des
vernis, des brosses pour lustrer les chapeaux de soie, etc.
On en fait aussi de grossiers tapis.

Quoique répandu un peu partout, ce ne sont guère que
les départements de la Savoie, de l'Isère et des Hautes-
Alpes qui le livrent au commerce.

Il doit être protégé dans tous les bois où les vipères
sont communes.

La Fouine, *Mustela foina*, BRISSON.

Espèce assez commune et trop connue de nos cultivateurs chez qui elle fait de nombreux dégâts. En été elle habite dans les bois et détruit beaucoup de petits rongeurs ainsi que quantité de gibier.

En hiver elle se réfugie dans les granges et fermes pour y trouver un meilleur abri, et fait de grands carnages dans les poulaillers et pigeonniers, car elle ne se contente pas de tuer pour manger, mais aussi pour boire le sang. — Elle mange également des reptiles et la plupart des fruits, et affectionne particulièrement les poires tapées qui servent souvent d'appât pour l'attirer dans quelque piège.

En captivité elle peut rendre les mêmes services qu'un chat, mais avec l'âge elle reprend quelquefois ses mœurs carnassières. Le mâle exhale une très forte odeur.

Sa *chair* est mauvaise.

Sa *peau* forme une assez jolie fourrure qui s'emploie à l'état naturel ou teinte de nuances plus ou moins foncées, pour cols et parements de vêtement, manchons, palatines, etc. Sa queue, dont les poils sont plus longs, est plus particulièrement employée en boas et bordures.

Ce n'est qu'à la fin de l'automne ou en hiver, qu'elle acquiert toute sa valeur et vaut alors de 8 à 10 et 12 fr.; une très belle peau préparée pour manchon, vaut même jusqu'à 15 francs.

Les *poils* de sa queue et même de sa peau sont très employés en brosserie.

Les variétés entièrement blanches sont très rares; un très beau sujet de la sorte existe dans le Musée.

La Marte ou **Martre**, *Mustela martes*, LINNÉ.

Assez semblable à la précédente, mais en diffère surtout par la gorge qui est ordinairement jaunâtre, tandis qu'elle est blanche chez la Fouine; par les pattes garnies en dessus de poils assez longs, au lieu de courts, et le dessous des pieds bien garni de poils.

Elle est beaucoup moins commune que la Fouine et ne descend pas autant qu'elle dans le Midi. Quoiqu'elle ait les mêmes mœurs et le même régime, ses dégâts sont moins appréciables, car elle fuit l'homme et ne vit que dans les grands bois, particulièrement ceux de pins et sapins.

Sa *peau* est employée comme celle de la Fouine, mais est plus estimée encore, car les poils sont plus réguliers, plus fins et plus soyeux ; il faut cependant une certaine habitude pour la reconnaître de suite. Sa valeur moyenne est de 12 à 15 francs, mais peut monter aussi jusqu'à 17 et 18 francs pour de très beaux sujets.

On l'emploie aux mêmes usages que la Fouine. La brosserie en fait aussi d'excellents pinceaux très recherchés par les peintres et coloristes.

Le Putoi, *Mustela putorius*, LINNÉ.

Plus petit que la Fouine et presque uniforme de teinte, il a les mêmes mœurs et genre de vie que cette dernière et fait presque autant de dégâts, tout en détruisant aussi comme elle, beaucoup de reptiles et de petits rongeurs.

Sa *fourrure*, douce et chaude, est assez employée pour bordure de nos vêtements d'hiver, et serait beaucoup plus estimée et recherchée si elle ne répandait pas une forte odeur difficile à lui faire perdre. Sa valeur moyenne est de 4 fr. à 4 fr. 50 ; mais une très belle peau pouvant être utilisée pour manchon peut aller jusqu'à 6 francs.

Le Furet, *Mutela furo*, LINNÉ.

Voisin du Putois, mais à pelage beaucoup plus blanc-jaunâtre et à yeux rouges, le Furet ne vit qu'en domesticité et ne pourrait pas supporter l'hiver au dehors.

Il est tout particulièrement élevé pour la chasse au lapin de garenne, qu'il va relancer jusque dans le fond de ses terriers.

Sa *fourrure* analogue à celle du Putois, sert aux mêmes usages, mais est moins recherchée par suite de sa couleur. Une fois teinte elle passe facilement dans le commerce pour cette dernière.

La Belette, *Mustela vulgaris*, BRISSON.

C'est le plus petit de nos carnivores, il a le corps très allongé, le poil ras, roux en dessus, blanc en dessous et la queue entièrement rousse.

La Belette habite indifféremment en pleine campagne ou dans les fermes et même les villages; sa petite taille lui permet de pénétrer partout, dans les trous de rats aussi bien que dans les galeries de taupes, aussi fait-elle une grande destruction de petits rongeurs, nos ennemis; mais c'est aussi un animal qui tue pour détruire, et qui, sans faim, se jette sur tout être vivant dont il boit à peine quelques gouttes de sang. Elle fait un grand carnage de gibier de toute sorte, de petits passereaux aussi bien que de jeunes lapins, pigeons et petits poulets, sans parler des nombreuses couvées dont elle détruit les œufs.

C'est donc un auxiliaire à détruire, car ses dégâts sont bien supérieurs à ses services.

Sa *peau* teinte est utilisée en fourrures, mais son emploi est assez restreint par suite de sa petitesse et du peu de longueur de ses poils.

Deux autres espèces existent en Europe et probablement en France, confondues sous le même nom; l'une beaucoup plus petite mais de même pelage, particulière au Nord; l'autre beaucoup plus grande, tachetée sous la gorge et particulière au Midi.

L'Hermine, *Mustela herminea*, LINNÉ.

Un peu plus grande que la Belette, elle est d'un brun-

roux en été et blanche en hiver avec les parties inférieures lavées de jaunâtre, mais toujours le bout de la
queue noire.

Ses mœurs sont à peu près celles de la Belette, mais
elle est plus sauvage, vit loin des habitations et affectionne la lisière des bois.

Inconnue autrefois en France, elle y est entrée par le
Nord, et c'est peu à peu qu'elle est arrivée dans le Sud,
où elle est encore très rare.

Avec son *pelage* d'été elle est connue sous le nom de
Roselet, et se teint comme la Belette.

Elle est recherchée sous sa livrée d'hiver qui est
d'un blanc éclatant, surtout dans les contrées montagneuses. Le Clergé la Magistrature et l'Enseignement
l'emploient comme ornement distinctif de grades sur leur
robe. On en fait aussi des palatines de jeunes filles, etc.

Son nom 'est resté à l'une des couleurs du blason.

Le Vison, *Mustela lutreola*, Linné.

Ressemble un peu au putois, mais en diffère par un
corps plus allongé, les pieds un peu palmés, les oreilles
plus courtes et surtout une tache blanche sur les lèvres
et le menton. Ses mœurs sont plus aquatiques et ressem-
blent un peu à celles de la loutre ainsi que son genre de
nourriture, qu'il poursuit en nageant et même en plon-
geant, aussi fait-il de grands dégats sur les bords des
rivières où il est heureusement fort rare.

Sa *fourrure* est recherchée pour divers emplois, mais
par suite de sa rareté elle ne peut être l'objet d'un commerce régulier chez nous.

La Loutre, *Lutra vulgaris*, Erxleben.

Brun foncé sur le dos, gris blanchâtre sur le ventre,
tête large et plate, basse sur jambes et pieds très palmés,

sont les principaux caractères de la loutre, qui passe généralement sa journée dans un terrier s'ouvrant sous
l'eau, et sa nuit à pêcher.

Quelquefois elle s'attaque aux petits mammifères et
oiseaux aquatiques, plus souvent à des grenouilles ou
écrevisses, mais elle est surtout nuisible par la grande
quantité de poissons qu'elle détruit dans les rivières et
cours d'eau près desquels elle habite.

C'est un animal susceptible d'éducation et qui devrait
nous servir à pêcher, comme le chien nous sert à chasser.
Les Chinois et divers peuples sauvages ont su la domesti-
quer à cet usage. En France on n'y a point encore songé,
et ce n'est qu'un animal nuisible comme serait le chien
s'il était sauvage.

Sa *chair*, déclarée maigre par l'Église, est un manger
médiocre surtout quand elle est très grasse, car alors elle
a un goût très prononcé de poisson.

Sa grande valeur réside dans sa *peau*, particulièrement
estimée l'hiver. On en retire ordinairement les poils
longs qui forment la surface et que l'on nomme *jarres*.
On les utilise pour en faire des pinceaux, et on ne laisse
que la *bourre* ou *duvet* formé de poils courts, touffus,
fins et moelleux, bruns-gris à la racine, et bruns
foncé à la pointe. Sa peau forme alors une fourrure brillante, chaude et durable, et c'est dans cet état qu'elle est
employée par les fourreurs pour en confectionner des
manchons, des manteaux, des bordures, etc., et par les
chapeliers pour en faire des calottes et bonnets.

La valeur de sa peau suivant la taille et la saison est
de 15 à 25 francs.

Ordre V. — JUMENTÉS

—

Ce nom, tiré de la Bible et employé par Linné et plusieurs
naturalistes avant Gervais, sert à indiquer un groupe de
l'ancien ordre des pachydermes de Cuvier, caractérisé par
les pieds enveloppés dans des sortes d'ongles ou sabots
non bisulques, et des dents généralement de trois sortes.

Une seule famille chez nous représente cet ordre, celle
des Équidés qui se distingue facilement de toutes les autres par un seul doigt à chaque pied, et conséquemment
un seul sabot d'où est venu le nom de *solipède*.

Tous sont réduits en domesticité, et sont devenus nos
auxiliaires les plus utiles, surtout au point de vue com-
mercial, en nous facilitant les moyens de transport, en
nous procurant la force nécessaire aux travaux industriels
et agricoles. La vapeur est venue de nos jours les sup-
pléer dans beaucoup de cas, mais elle ne peut les rem-
placer partout.

Famille des ÉQUIDÉS

Le Cheval, *Equus caballus*, Linné.

Autrefois les chevaux vivaient à l'état sauvage dans notre
pays ; successivement ils disparurent servant à l'alimentation de nos ancêtres ou domestiqués par eux. On prétend qu'à la fin du xvie siècle il en existait encore en Alsace. N'était-ce pas des chevaux domestiques retournés

à l'état de liberté ? Actuellement nous avons encore dans les dunes de la Gascogne et surtout dans les marais de la Camargue des chevaux vivant en liberté, mais ils ont des propriétaires et sont de temps en temps reconnus et marqués. On attribue l'origine de ces troupeaux à demi-sauvages à l'invasion des Sarrasins.

Le cheval est le plus utile de tous nos auxilaires, il se plie à tous nos besoins, à toutes nos exigences. Nous en possédons environ 3,500,000 en France.

Sous l'influence des soins, du traitement, du climat, de la nourriture, il a fourni une série de *races* qui ont pris le nom des différentes régions de la France où elles se sont produites. Ces races ont chacune des qualités ou apti-tudes particulières, les unes pour la selle et la course, d'autres plus fortes pour la grosse cavalerie, les autres pour le trait ; parmi elles, de légères et rapides pour des voitures ; d'autres moins rapides et plus fortes pour traîner des charges, enfin de plus grossières et solides pour le gros-trait et le labour.

L'âge des chevaux se reconnait facilement jusqu'à huit ans à l'usure des dents dont les fossettes disparaissent progressivement ; passé cet âge et jusqu'à quatorze ans les changements s'opèrent moins régulièrement, et ce n'est plus que sur la forme et la disposition des dents que l'on peut juger approximativement de leur âge ; au delà de cette époque c'est bien difficile.

Sa *chair*, utilisée par la plupart des peuples, était né-gligée chez nous jusqu'à ces dernières années où elle est assez largement entrée dans l'alimentation publique.

Sa *graisse*, bien différente de celle des autres animaux, est de consistance huileuse, presque sans saveur ni odeur ; elle est verdâtre, non siccative et rancit très len-tement. Elle est employée pour fortifier les organes des machines, et porte le nom, dans le commerce, *d'huile animale,* et souvent aussi *d'huile de pied de bœuf.*

Les *intestins* sont employés pour faire des cordes de boyaux, de la baudruche utilisée par les chirurgiens et les médecins, par les batteurs d'or, les fabricants de ballons et de couleurs à l'huile. On les emploie aussi pour la fabrication de la colle forte, et, desséchés et réduits en poudre, ils forment un excellent engrais.

Les *déchets,* ainsi que le sang, réduits en poudre après avoir été au préalable entièrement desséchés dans des étuves *ad hoc,* forment à la dose de 3 ou 4 °/₀ mêlés à des pommes de terre ou autres féculants, une excellente alimentation pour l'engraissement des porcs.

Son *cuir,* solide et résistant, trouve son emploi dans la fabrication des harnais, des courroies, etc.

Sa *croupe* particulièrement sert à faire de beau chagrin artificiel.

Ses *poils* servent généralement à faire des coussins et matelas grossiers ; ceux longs et fins du dedans des oreilles servent à faire des pinceaux de choix.

Ses *crins* sont employés à divers usages, les courts, dans la brosserie, ceux cassés et défectueux, sont crêpés et servent à faire des matelas et coussins soignés pour sièges et voitures ; les crins longs servent à faire la trame de certaines étoffes utilisées dans la toilette des dames, des tamis, des cordes particulières, des crinières de casques etc.

Ses *sabots* sont employés dans la fabrication des peignes, des tabatières, etc. Souvent aussi ils servent à faire des imitations d'écaille (lorsqu'ils sont blancs ou blonds), ou de buffle (lorsqu'ils sont noirs,) pour tous les usages de la tabletterie, mais c'est toujours aux dépens de leur solidité, car ces résultats ne sont obtenus que par des réactions chimiques qui en altèrent la nature.

Les chevaux abattus pour cause d'accident, comme cela a lieu si fréquemment dans les grandes villes et à Paris surtout, ont naturellement les mêmes emplois que ci-dessus.

Chez les chevaux abattus pour cause de maladie, ou morts naturellement, la graisse, les intestins, le cuir, les poils et les sabots ont le même emploi, sinon tout à fait les mêmes qualités; mais les crins deviennent très inférieurs et la *chair*, qui ne peut plus servir à l'alimentation, trouve un autre emploi.

Pour cela on la réduit en poudre après l'avoir desséchée entièrement, et elle devient un excellent engrais, ou sert à la fabrication de prussiate (cyanure) de fer et de potasse ou aussi du bleu de prusse.

Le *sang* desséché a les mêmes usages, et sert en plus à faire un charbon animal très employé pour la clarification des sucres et sirops ainsi que pour la désinfection des matières fétides; on en extrait aussi de l'albumine pour l'industrie.

Les *os* servent à la fabrication du noir animal, du noir d'os, des sels ammoniacaux, de la colle forte; les morceaux de choix sont réservés pour la tabletterie; broyés et pulvérisés, ils entrent dans la composition de certaines poudres dentifrices; servent à la fabrication du verre opale, à la falsification des farines, et constituent un excellent engrais.

Les *sabots*, s'ils sont en mauvais état et ne peuvent être employés par les tabletiers, sont utilisés pour la fabrication du bleu de prusse, des sels ammoniacaux ou comme engrais.

Les *matières* renfermées dans l'estomac ou les intestins sont utilisées dans la fabrication de certaines pâtes à papier et plus souvent aussi comme engrais.

L'Ane, *Equus asinus*, LINNÉ.

L'âne, par sa sobriété, sa résistance à la fatigue, à la chaleur et la sûreté de son pied, rend de grands services dans les campagnes. Il peut être employé comme bête de selle et de trait; mais c'est surtout comme bête de bât qu'il est utile aux populations pauvres et dans les pays montagneux où les communications sont difficiles. On évalue chez nous leur nombre à 400,000 environ.

Sa *chair*, celle des jeunes surtout, est assez délicate et bien supérieure à celle du cheval. On l'utilise avec avantage dans la fabrication des saucissons dits « de Lyon ».

Ses *poils* et ses *crins* sont employés comme ceux du cheval, mais ces derniers ne fournissent qu'une qualité médiocre.

Son *cuir*, souple et cependant résistant, sert à faire de beaux parchemins, il est très employé et recherché aussi pour la fabrication des timbales d'orchestre. On fait encore de sa croupe, comme de celle du cheval, d'assez beau chagrin artificiel.

Son *lait*, très sucré, analogue à celui des femmes, était considéré comme un médicament très efficace dans les affections de poitrine, mais il a perdu beaucoup de sa faveur depuis que la mode a préconisé l'emploi de l'huile de foie de morue et des médicaments iodurés.

Le Mulet, *Equus mulus*, LINNÉ.

C'est le résultat du croisement de l'âne et de la jument, et qui joint à toutes les qualités de l'âne, la taille et la force du cheval. Par des croisements appropriés, on arrive à créer des races de selle et de bât, ou de races de trait.

Le dernier recensement porte leur nombre à 285,000. pour toute la France.

Les étalons sont particulièrement choisis parmi les ânes du Poitou, plus grands et plus forts que les autres.

La mule, généralement plus douce et plus résistante à la fatigue, est toujours plus recherchée que le mulet.

Quelques rares mules ont donné des exemples de fécondité ; jamais encore pareil cas ne s'est présenté pour le mulet.

Le mulet peut être encore le résultat du croisement du cheval avec l'ânesse, dans ce cas il est connu sous le nom de *Bardot,* mais on ne le recherche pas sous cette forme, car il ne présente plus aucun avantage sur l'âne dont il garde à peu près la taille.

Sa *chair* quoique moins fine que celle de l'âne est plus délicate que celle du cheval.

Tous ses autres *produits* ont à peu près les mêmes qualités et emplois que ceux de ses ascendants le cheval et l'âne.

Ordre VI. — RUMINANTS

Ils sont ainsi appelés de leur habitude de *ruminer* ou remâcher une seconde fois leurs aliments, ce qui est la conséquence d'une disposition de l'estomac qui leur est spéciale et qui forme quatre parties portant les noms de *panse*, *bonnet*, *feuillet* et *caillette*. La première partie, de beaucoup la plus grande, n'est qu'une sorte de magasin où ils peuvent enfouir précipitamment une masse alimentaire grossièrement brisée ou broyée, les autres ne sont accessibles qu'à des aliments liquides, ou réduits en bouillie très fluide par une mastication prolongée. Une disposition spéciale leur permet de faire, à loisir, revenir dans la bouche les premiers aliments rapidement ingérés, afin de les rebroyer à nouveau.

Les incisives manquent chez eux à la mâchoire supérieure et sont remplacées par une sorte de bourrelet calleux et très résistant. Les canines sont absentes ou rudimentaires et il existe une large barre en avant des molaires. Leurs pieds *bisulques* ou *fourchus* sont renfermés dans deux sabots.

Un petit nombre ont le front nu, mais la plupart l'ont armé, les uns de *cornes* persistant toute leur vie, et formées d'une substance cornée qui se développe autour d'un axe osseux et cellulaire ; les autres de *bois* caducs qui se renouvellent tous les ans, en se développant davantage jusqu'à un certain âge.

Ces animaux à eux seuls ont fait et font encore la richesse de beaucoup de peuples. Tout chez eux est utile; tout, est même nécessaire pour notre bien être.

Ils nous fournissent, en effet, la *nourriture*, avec le lait, crême, beurre, fromage et viandes de toutes sortes; le *vêtement* avec leur toison; *la chaussure* avec leur cuir; *la lumière* avec leur graisse; *la force* pour porter nos fardeaux ou cultiver nos champs; les *engrais* pour faire pousser nos récoltes.

Famille des BOVIDÉS

Le Bœuf, *Bos taurus*, Linné.

Plusieurs espèces sauvages étaient contemporaines des premiers habitants de la Gaule. Lors de la conquête de César une espèce existait encore dans nos forêts. Actuellement nous n'avons plus que le bœuf domestique dont on ne connait pas exactement l'origine, et qui sous l'influence du climat, de la nourriture et du traitement à formé *diverses races* appropriées aux régions où elles se sont développées. Des croisements étudiés, entre ces races sont venus en former d'autres au gré des producteurs, qui tantôt voulaient développer les *forces* pour les charrois et labours ; c'est ainsi que la Vendée, l'Auvergne, la Gascogne et le Béarn, nous fournissent ces animaux relativement petits, mais forts en os, et à muscles puissants.

Chez d'autres ils ont cherché à développer la *chair* pour en tirer grand profit en boucherie ; le Nivernais et le Charolais nous fournissent particulièrement ces animaux de grande taille, tout en chair et en graisse, mais à os relativement très petits.

Chez d'autres encore on a cherché à augmenter la production du *lait*, pour la consommation directe ou la fabrication des beurres et fromages ; c'est en Normandie en Bretagne et en Franche-Comté que nous trouvons particulièrement ces animaux de taille moyenne, mais relativement maigres qui fournissent des quantités considérables de lait. Les fromages de Brie, du Cantal, de Gruyère et une quantité d'autres ne sont faits qu'avec du lait de vache.

On évalue à près de 12,000,000 le nombre de ces animaux élevés en France.

Les *chairs* du bœuf, de la vache (sous le nom de bœuf

aussi), et celles du veau, sont comme tout le monde le sait la base de notre alimentation en viande.

L'estomac est utilisé sous le nom de gras double ou de tripes.

La *graisse* appelé *suif* comme celle du mouton et de la chèvre, est employée dans l'art culinaire et l'économie domestique, mais elle sert surtout à faire des chandelles et à l'extraction des acides gras destinés à la fabrication des bougies, dont on fabrique annuellement près de 45 millions de kilogrammes en France. Depuis quelques années on en tire un nouveau produit la *margarine*, qui remplace le beurre dans un grand nombre de cuisines parisiennes. Souvent vendue sous son vrai nom, ce produit sert plus souvent encore, il faut bien le dire, à falsifier le vrai beurre.

Le *sang*, recueilli dans les abattoirs, est desséché et conservé sous différentes formes pour concourir à l'alimentation du chien, et à l'élevage de nombreux oiseaux de volière insectivores ayant besoin d'une nourriture animale difficile à leur procurer. On l'emploie surtout aussi pour la clarification des sucres et sirops, et la préparation des albumines industrielles.

La *vessie* sert pour l'emballage et l'exportation des suifs, graisses et saindoux ; on l'emploie encore comme le *péricarde* (membrane qui enveloppe le cœur) à faire d'excellentes blagues à tabac.

L'intestin grêle sert à renfermer des saucisses ou salaisons.

Le *gros intestin* est utilisé comme enveloppe de saucissons ou langues fourrées.

Les *poils* sont employés par les bourreliers pour garnir ou bourrer les selles, bâts, colliers de tirage, etc., ainsi que par les tapissiers pour bourrer ou garnir des sommiers, divans, coussins, tabourets, fauteuils, chaises, etc. On les emploie aussi dans quelques pays pour donner de la consistance aux enduits de chaux pour plafonds, murs, etc. Depuis quelques années on les utilise encore pour la fabrication de feutres épais et grossiers employés comme tapis. Beaucoup aussi sont négligés par l'industrie, de même que les sabots ou onglons, et ne servent que d'engrais pour l'agriculture ou de matière première pour la fabrication de bleu de prusse, de sels ammoniacaux ou autres produits organiques.

Les *crins* de la queue sont souvent décolorés, crépés et employés comme crins blancs pour garnir des oreillers.

Les *cornes* fondues aplaties et travaillées de différentes façons, servent à la fabrication de chausse-pieds, de peignes, de tabatières, de manches de couteaux, de sifflets et d'une foule de petits articles de tabletterie. Souvent aussi on leur donne l'apparence de l'écaille en les teignant de différentes façons, en rougeâtre avec des sels d'or, en noirâtre avec des sels d'argent, en brun avec de l'azotate de mercure, etc.

Les *rognures*, rapures et débris de toutes sortes ne sont pas jetés, mais réagglutinés ensemble sous l'influence d'une température un peu élevée et d'une forte pression, et moulés en boutons, tabatières, tuyaux de pipes, etc.

Le *cuir* de bœuf épais et résistant est employé pour la forte chaussure, les semelles, les courroies de transmissions ; chamoisé seulement, il sert à faire des semelles de chaussons et une partie de l'équipement de l'armée.

Le cuir de vache, moins fort est employé aux mêmes usages ; verni ou non, on l'emploie surtout pour faire des capotes de voitures.

Le veau a un grand usage dans la chaussure ordinaire ; chamoisé et teint, il est employé à recouvrir certaines pantoufles ainsi qu'à fabriquer des *gants dits de castor*. On le maroquine aussi comme les peaux de chèvres. Des

peaux de veaux mort-nés, préparées avec leurs poils,
on recouvre des pantoufles ou mules ; ou bien, préparées
en parchemin, on en fait des tambours.

FAMILLE DES OVIDÉS

Le Bouquetin des Alpes, *Capra ibex*, LINNÉ.

Jolie espèce presque disparue par suite de la chasse
incessante qui lui a été faite, et caractérisée par ses fortes
cornes noueuses divergentes à base subquadrangulaire,
aplaties et recourbées en demi-cercle dans le même plan ;
presque sans barbe au menton.

C'est un assez bon gibier qui aurait pu fournir d'excellentes ressources à l'alimentation mais dont la rareté n'en
fait plus qu'un objet de curiosité ou d'étude.

Il habite les parties les plus escarpées de nos Alpes, et
est moins rare sur le versant italien, où le roi propriétaire
d'un troupeau de près de 800 têtes en a totalement in-
terdit la chasse dans l'intérêt de leur propagation.

Le Bouquetin des Pyrénées, *Capra pyrenaica*, SCHINZ.

Autre espèce devenue rare aussi et bien distincte de la
précédente par sa taille plus forte, ses cornes arrondies,
coniques et contournées en spirale, avec une forte barbe
au menton.

C'est dans la partie centrale et élevée des Pyrénées
qu'on le rencontre encore ; il est moins rare sur le versant
espagnol. Sa dépouille fait de curieux tapis.

La Chèvre domestique, *Capra hircus*, LINNÉ.

Dès l'âge de pierre, la chèvre était domestiquée par
l'homme ; ses restes qui l'accompagnent en font foi. Nous
ne saurions actuellement dire quel animal sauvage en a
été la souche, car elle diffère notablement de toutes les
espèces connues.

Elle est très rustique, préfère les montagnes à la plaine, et les jeunes pousses des arbrisseaux aux fourrages les plus tendres, aussi fait-elle beaucoup de dégâts dans les lieux qu'elle habite. Plus d'une montagne n'a qu'une végétation pauvre et rabougrie parce qu'elle sert de pâture à des troupeaux de chèvres.

Dans une ferme, elle abîme les clôtures de buissons, nuit aux arbres fruitiers, qu'elle dépouille de leur écorce, et détruit les taillis ; mais elle rapporte beaucoup de lait dont on fait d'excellent fromage, aussi est-elle à la fois la ruine des propriétaires et la richesse des fermiers. Elle ne devient réellement utile et productive que lorsqu'elle est tenue à l'étable ou parquée dans un espace bien clos, comme dans certaines régions du Lyonnais ou du Forez.

Nous en possédons environ 1.500,000 individus.

Le mâle porte le nom de *bouc*, et exhale toujours une très forte odeur ; le jeune, sous le nom de *chevreau*, *cabri* ou *biquet*, donne une viande assez estimée dans certaines régions ; la chair de la chèvre elle-même est utilisée mais non recherchée, car elle est toujours plus ou moins dure ou spongieuse.

Les *poils* de la chèvre, ordinairement longs, soyeux ou raides, servent à fabriquer quelques étoffes particulières et surtout divers ouvrages de passementerie.

Quelques espèces, comme la chèvre angora, produisent une laine très estimée dans le commerce, mais toutes sont surtout élevées pour leur lait abondant et obtenu à bon marché, qui les ont fait appeler la « vache du pauvre ».

La mode l'a introduite depuis quelques années dans les grandes villes, où son lait passe pour très fortifiant. Elle est aussi quelquefois employée comme nourrice et s'attache beaucoup à son nourrisson.

Son *lait*, soit seul, soit accompagné d'autres, fait d'excellents fromages :

Les *chevrets* du Jura ne sont produits que par du lait de chèvre, qui souvent cependant est fraudé par addition de lait de vache.

Les *mont-d'or* ou façon mont-d'or, produits par les départements du Rhône, du Puy-de-Dôme, du Doubs et du Jura, sont formés de lait de chèvre et de vache réunis. Il en est de même du fromage de *sepmoncel* ou de *moussière* (Jura).

Le *roquefort*, fabriqué surtout dans l'Aveyron, contient un quart de lait de chèvre pour trois quarts de lait de brebis.

Le *sassenage*, fabriqué dans l'Isère, réunit à la fois les trois laits de chèvre, de vache et de brebis.

Le *suif* de la chèvre est plus ferme que celui du mouton, et fait des chandelles de meilleure qualité.

Son *cuir* est beaucoup employé pour la chaussure, soit en noir, soit en verni et aussi pour border, avec les parties les plus minces. Il sert beaucoup encore à la confection des maroquins de toutes nuances employés spécialement par les relieurs et gaîniers, et qui, autrefois, ne nous arrivaient que du Levant et du Maroc.

On en fait aussi des imitations de chagrin en les imprimant en relief, sous une forte pression, au moyen de feuilles de cuivre gravées et chauffées.

Les peaux de chevreaux sont plus particulièrement utilisées dans la chaussure pour faire des tiges de bottines, et surtout dans la ganterie qui en emploie des quantités considérables.

Les *peaux* de chèvres, chamoisées et teintes, servent encore à la confection des gants de castor.

Des peaux de boucs, on fait aussi des outres et des pantalons, ainsi que du parchemin.

Les peaux de chèvres du midi de la France sont les plus estimées, et les meilleures peaux de chevreaux proviennent du Poitou, de l'Ardèche, de la Drôme et de l'Isère.

Le Mouflon de Corse, *Ovis musimon*, Linné.

Se distingue facilement du bouquetin par ses cornes beaucoup moins longues quoique assez grosses à la base, et formant environ les trois quarts d'un cercle. Elles ne sont pas noueuses comme celles du bouquetin, mais simplement rugueuses. Il n'a pas de barbe, mais ses poils sont allongés sur la poitrine et y forment une sorte de crinière.

Sa *chair* est assez bonne.

Son *cuir* fait d'assez beau maroquin, et sa *toison* sert à confectionner de grossiers tapis ou couvertures.

Il n'habite que la Corse où il existe encore en certain nombre dans quelques parties de la montagne et semble différer de son voisin le mouflon de Sardaigne.

Le Mouton, *Ovis aries*, Linné.

Aussi anciennement domestiqué que la chèvre, nous ne savons pas plus que pour elle, de quelle espèce sauvage il peut descendre. Tout porte à croire cependant qu'il ne descend pas d'une seule espèce. De nombreuses races existent en France, les unes sont la conséquence d'un genre de vie et d'un climat particuliers, les autres ont été obtenues artificiellement par des croisements dans lesquels on a cherché la masse musculaire pour les boucheries, et, plus souvent encore, la qualité de la laine, objet d'un commerce considérable alimentant de nombreuses industries.

On appelle *bélier* le mâle, *brebis* la femelle, et *agneau* le jeune. Leur nombre en France peut être évalué à 22 millions environ.

Tous aiment un sol sec, et beaucoup se contentent d'une nourriture grossière.

Leur élevage donnait autrefois de forts beaux produits, alors même que leur laine était moins belle que maintenant ; mais aujourd'hui la grande quantité de laine importée d'Australie en rend l'élevage moins fructueux. Fort heureusement, la grande consommation qu'en fait la boucherie vient en maintenir la valeur.

On a fait beaucoup de recherches et de grands frais pour perfectionner la laine, mais les premiers résultats obtenus n'ont pas été toujours poursuivis par la masse des éleveurs, car souvent avec de la très belle laine on avait des animaux très inférieurs pour la boucherie, les mérinos par exemple.

En général on peut dire que les belles laines réussissent sur un sol sec et montueux, et que les belles viandes proviennent des prairies grasses et fraîches.

Généralement on fait deux tontes par an. Le prix de la laine varie suivant la qualité depuis 1 fr. 50 c. jusqu'à 5 francs le kilo. Comme dans le lièvre et le lapin, toutes les parties de la toison n'ont pas une égale valeur sur le même animal.

Sa *chair* est plus particulièrement consommée dans les grandes villes.

Son *lait* comme nous l'avons vu, entre pour la majeure partie dans la fabrication du Roquefort, et un peu dans celle du Sassenage.

Son *beurre* sans consistance est peu employé.

Les *cornes* qui ne sont portées que par le mâle, sont peu répandues dans le commerce. Du reste, roulées en spirales, creuses, anguleuses et ridées en travers, elles n'offrent guère que la ressource d'être ramollies et moulées.

Du *cuir* on fabrique de bons parchemins pour l'écriture et l'imprimerie ; on en fait aussi des maroquins, mais de qualités secondaires. C'est surtout comme *basane* qu'il est employé : les épaisses servent à faire des tabliers de forgerons, des articles de bourrellerie, des soufflets, des chaussures, etc. ; les minces ou refendues ont encore bien plus d'emplois : gaines, garnitures de tout genre, porte-monnaie, chaussures fines de femmes, pantoufles, guêtres, etc. La Normandie surtout en fournit de grandes et belles, très employées pour garnir les pantalons de cavaliers, et très recherchées aussi pour la reliure. On le traite également comme les peaux de chevreaux pour faire des imitations de chagrin.

Les peaux d'agneaux sont ordinairement préparées comme les peaux de chevreaux et utilisées dans la ganterie à bon marché, ainsi que comme tiges de bottines. Avec le mouton chamoisé, on fait des gants pour la cavalerie, des peaux pour laver les voitures, nettoyer l'argenterie et confectionner enfin une foule d'articles dits de Paris. Lorsqu'il est teint on en fait des *gants de castor*.

Les agneaux mort-nés préparés avec leur laine frisée sont recherchés en fourrure et prennent le nom d'*Astrakan;* les qualités les moins belles sont utilisées dans les jouets pour couvrir des chiens, des moutons, des Saint-Jean, etc. Leurs peaux sont aussi employées dans la ganterie.

Les *boyaux* sont très utilisés pour faire des cordes harmoniques, des enveloppes de saucisses, et surtout une baudruche très fine.

Le *suif* de qualité supérieure est particulièrement employé pour la fabrication des chandelles, et les restes des produits du mouton subissent à peu près les mêmes préparations ou emplois que ceux du bœuf.

Les *peaux* d'adultes garnies de leur toison sont aussi utilisées comme descentes de lit, tapis de voitures, paletots de bergers et de quelques montagnards.

Famille des ANTILOPIDÉS

Le Chamois, *Rupicapra europea*, Cuvier.

Ne se trouve que dans les Alpes et les Pyrénées, où il occupe la région élevée l'été, et les parties boisées pendant l'hiver. Il varie de pelage suivant l'âge et la saison, mais est bien caractérisé par ses deux petites cornes s'élevant perpendiculairement au-dessus des yeux, et se recourbant en arrière comme un hameçon à une certaine hauteur.

Grimpeur par excellence il ne se plaît qu'au milieu des rochers avoisinant les glaciers (sur lesquels ils ne s'aventure jamais); la moindre saillie lui permet de s'élever contre des surfaces presque verticales. Il fait facilement des bonds de sept mètres en longueur et jusqu'à cinq mètres en hauteur, pour tomber à la fois des quatre pieds sur un espace à peine grand comme la main. Sa chasse est très dangereuse par les lieux mêmes où elle s'opère, et aussi parce que s'il est surpris dans un impasse au dessus d'un précipice, il revient sur ses pas et se précipite sur le chasseur pour se faire passage, et souvent roule avec lui dans l'abîme. Alors dans sa chute, c'est avec ses cornes qu'il cherche à éviter les chocs contre les parois de rochers ou le sol; quelquefois elles n'y résistent pas, et nous avons au Musée un exemple d'une corne ainsi brisée et ressoudée presqu'à angle droit sur sa base.

Lorsqu'ils paturent, l'un d'eux, ordinairement un vieux mâle, chef de la bande et plus vigilant que les autres, surveille les environs, siffle et frappe du pied à la première apparence de danger. A ce signal bien connu toute la bande se lève et fuit avec lui.

Sa *chair* est bonne, mais la difficulté de sa chasse est certainement le plus grand attrait pour sa poursuite.

On l'appelle *Isard* dans les Pyrénées.

Son *suif* est supérieur encore à celui de la chèvre.

La *peau* ferme et souple sert à faire des tapis et aussi

des manteaux de chasseurs. Avec ses *cornes* on garnit
les bouts des bâtons des ascensionnistes, on fait des manches de couteaux à papier, des fume-cigares, etc.

On a rencontré quelques exemplaires entièrement
blancs, et parfois il y a eu des accouplements féconds
avec la chèvre.

FAMILLE DES CERVIDÉS

Le Cerf, *Cervus elaphus,* LINNÉ.

Cet animal, ainsi que les deux espèces suivantes ne
porte plus de cornes, mais les mâles ont des bois qui
sont le prolongement de l'os frontal, et qui tombent et
repoussent chaque année. Ils ont également, ainsi que
les femelles, des larmiers, sortes de fossettes qui existent
à la base antérieure de l'œil.

Le Cerf, grand et bel animal, était commun autrefois
et aurait tout-à-fait disparu de notre sol, s'il n'était pas
conservé avec soin pour le plaisir de la chasse dans quelques parcs et forêts. Sa femelle s'appelle *Biche*, les
jeunes s'appellent *Faon*.

A sept mois les bois commencent à apparaître chez le
mâle sous le nom de *dagues*; l'année suivante se développent deux branches ou *andouillers*, que l'on appelle
aussi une *première tête*. A trois ans il a deux andouillers que l'on appelle une *deuxième tête*; à quatre ans
trois andouillers que l'on appelle *troisième tête* ou *six
cors*. A cinq ans, il a sa *quatrième tête* ou *huit cors*,
à six ans il devient *dix cors jeunement;* puis *dix cors*
à sept ans. Passé cette époque il est vieux cerf, le nombre
des andouillers augmente encore: quelquefois il reste
stationnaire, quelquefois même il diminue; mais un vieux
chasseur ne se trompe pas sur l'âge de l'animal, à la forme
générale des bois et surtout de la tige principale.

Comme les chèvres, les cerfs recherchent peu l'herbe

et aiment mieux les bourgeons et jeunes pousses d'arbrisseaux qu'ils remplacent l'hiver par de la mousse, du lichen et des écorces d'arbre, aussi est-il très nuisible et sa dépouille est loin de compenser ses dégâts. Quoique repoussé des forêts bien entretenues, il sera conservé longtemps encore dans d'autres pour le plaisir que procure sa chasse.

Autrefois, toutes les parties du Cerf étaient réputées souveraines contre toutes espèces de maladies. Actuellement la *corne de cerf* rapée, calcinée, pulvérisée ou trochisquée, est encore utilisée comme absorbant ou astringent. Elle entre dans la préparation de la décoction blanche de Sydenham, sert à fabriquer le sel, l'huile et l'esprit volatil de corne de cerf et est aussi quelquefois employée en gelée pharmaceutique.

Les *peaux* font de mauvais tapis, car les poils tiennent peu et se cassent facilement sous le pied qui les foule.

Le *cuir* a peu de consistance et ne peut être employé que chamoisé pour pantalon ou peau à laver ou frotter.

Les *bois* sont très utilisés par l'industrie, pour en faire des manches de couteau, des poignées de canne ou parapluie, etc., et depuis quelques années, aussi pour en faire des patères de toutes sortes et même des meubles de fantaisie.

Les Cerfs sont susceptibles de quelqu'éducation ; avec beaucoup de soins et de patience on arrive à les atteler.

Quelques sujets sont atteints d'albinisme.

Le Cerf de Corse, *Cervus corsicanus,* BONAPARTE.

Ce cerf particulier à la Corse, se distingue surtout de notre cerf de France, par une taille plus petite, un seul andouiller basilaire (au lieu de deux) et un grain tout différent sur ses bois.

Ses mœurs et ses emplois sont les mêmes que ceux du précédent.

Le Daim, *Cervus dama*, LINNÉ.

Plus petit que le Cerf, le Daim a le pelage toujours plus ou moins varié, le dessus de la queue ordinairement noire et les bois aplatis et palmés à leurs sommets.

Plus rare encore que le Cerf, il aurait tout-à-fait disparu de notre sol, s'il n'était conservé avec soin dans quelques parcs. Ses bois, bien différents de ceux du Cerf, poussent, se développent et tombent comme les siens. L'aplatissement terminal ou empaumure se dentelle avec l'âge et de plus en plus en arrière et en haut.

Comme le Cerf aussi il fait de grands dégâts dans les forêts, surtout l'hiver où il ronge peut être encore plus que lui les écorces des arbres; mais en été il préfère les terrains élevés, les collines gazonnées et les bois entrecoupés de clairières.

Sa *chair* est plus fine et délicate que celle du Cerf.

Sa *peau* n'est pas meilleure comme tapis, mais son cuir chamoisé plus souple, est plus recherché pour des pantalons d'uniformes, des gants, etc.

Les *bois* sont aussi comme ceux des cerfs employés à une foule d'usages, on a même fait des bois d'ameublement de fantaisie, de rendez-vous de chasse, etc.

Le daim est aussi sujet à d'assez nombreuses variations de couleurs. Un sujet blanc remarquable par ses implantations de poils figure dans le Musée.

Le Chevreuil, *Cervus capreolus*, LINNÉ.

Plus petit que les deux espèces précédentes il en diffère surtout encore par une queue à peine visible. Ses bois ne dépassent jamais vingt-deux à vingt-six centimètres; ils sont plus ou moins grenus et deviennent avec l'âge armés de petites andouillers.

Le mâle porte le nom de *brocard,* la femelle celui de *chevrette.*

Leur genre de nourriture est celui du cerf, et comme eux ils font aussi des dégats dans les récoltes avoisinants les bois dont ils ne s'éloignent guère.

C'est un animal très gracieux, conservé pour la chasse et pour sa gentillesse dans les petits parcs, quoiqu'il nuise beaucoup aux arbres. Il est aussi répandu, mais en petit nombre dans la plupart de nos grandes forêts.

Sa *chair*, plus succulente que celle du cerf et même du daim, est très recherchée.

Ses *poils* sont plus cassants encore que ceux du cerf, aussi sa peau fait elle de bien mauvais tapis.

Il y a deux ans, la mode s'en servait pour faire de petites cocardes, garnies d'une tête d'oiseau dans le milieu, mais cela a peu duré.

Son *cuir* sans avoir grande valeur est employé aussi comme peau chamoisée, et sert surtout à faire des garnitures de selle, mais assez souvent il a été piqué par quelques insectes et percé comme un écumoir par les larves qui s'y sont développées.

Son *pelage* est sujet à d'assez grandes variations de couleurs.

Ses *bois* aussi subissent de temps en temps quelques déformations qui les rendent remarquables.

Le musée possède un bois portant un andouiller presque basilaire et s'élevant parallèlement au *merrain* ou bois principal. Un autre plus curieux encore est couvert de rugosités excessivement nombreuses et couvrant tous les bois comme d'une masse de champignons dont toutes les têtes se touchent et qui en a triplé le volume. Le premier vient de Rambouillet, et le second de la forêt de la Braconne, dans la Charente où il a été recueilli par M. T. de Rochebrune père.

Ordre VII. — PORCIENS ou SUIDÉS

—

Tous les Suidés ou porciens sont pourvus de trois sortes de dents. Ils n'ont ni cornes ni bois. Leur estomac simple est incapable de rumination.

Leur voix est un grognement. Ils sont absolument omnivores et très féconds. Leurs dégats en liberté sont considérables, mais tout est bon dans leur dépouille, et ils rendent de grands services dans l'alimentation générale.

Le Sanglier, *Sus scrofa,* LINNÉ.

Vit surtout dans les bois fourrés et marécageux où il établit *sa bauge* autant que possible à proximité de champs cultivés.

Se nourrit de tout ce qui se présente, herbes, céréales, glands, faines, fruits, raves, pommes de terre, truffes, larves, insectes, qu'il déterre facilement avec son boutoir; mange encore les petits mammifères et reptiles qu'il rencontre, sans négliger les charognes. Il est naturellement la terreur des cultivateurs parcequ'il bouleverse et gâte toutes leurs récoltes plus encore qu'il ne les mange : Aussi lui fait-on une chasse active qui bientôt le fera disparaître quoique sa reproduction soit considérable.

La femelle porte le nom de *laie*, et les jeunes, qui sont rayés longitudinalement de bandes claires, portent le nom de *marcassin*.

Sa force est considérable, aussi ne craint-il pas les chiens, qui sont souvent victimes de leur ardeur à la chasse; il devient même dangereux pour l'homme lorsqu'il est blessé.

La *chair* est excellente, et joint au goût du porc un excellent fumet de gibier.

Ordinairement ses *intestins* ne sont pas utilisés, car pour alléger son poids quelquefois considérable, on les enlève sur les lieux même de la chasse, mais il est probable qu'ils pourraient être aussi bien, si ce n'est mieux utilisés que ceux du porc.

Son *poil* qui porte le nom de *soie* est très recherché par la brosserie, qui en fait des balais excellents pour nos appartements cirés et aussi diverses sortes de brosses et de pinceaux. Les cordonniers se servent aussi de ceux de sa crinière comme pointe de leur fil de couture.

Le Cochon, *Sus domesticus*, BRISSON.

Ils ont de nombreux rapports avec le sanglier et se croisent facilement avec lui, mais il est difficile néanmoins d'en établir la descendance.

Comme le sanglier, le cochon serait très nuisible aux récoltes s'il était laissé en liberté; mais on le tient parqué, gardé par des bergers, ou en stabulation.

De nombreuses races, multipliées encore par de nombreux croisements se rencontrent en France.

Comme les sangliers, les porcs ou cochons sont omnivores et voraces; tout leur est bon, même les substances animales ou végétales en décomposition, et qui ne pourraient être utilisées que comme engrais, y compris les déjections humaines.

A ce point de vue c'est donc un auxilliaire utile (1), nous rendant les services que rendent les vautours dans les pays chauds.

Ils sont féconds et s'engraissent facilement ; leur *chair* est savoureuse, soit fraîche, soit conservée ; leur *graisse*, accumulée à la surface des intestins est, sous le nom de *saindoux* un des assaisonnements les plus employés de la cuisine ; sous le nom d'*axonge*, un des véhicules les plus utiles de la pharmacie, et quelquefois aussi de la parfumerie ; leur *lard*, frais ou salé, est un précieux aliment pour la marine et la base presque unique de la nourriture animale de beaucoup de populations rurales (2). Son *sang* est très nourrissant comme boudin ; ses *intestins* eux-mêmes sont mangés sous forme d'andouilles. Tout enfin en lui est utile et employé : ses *poils* ou *soies* par la brosserie (brosses à dent, etc.) et les cordonniers ; sa *peau* par les selliers et les relieurs ; ses *os* pour la fabrication du noir animal, sans parler de son *fumier* qui est un engrais des plus puissants ; aussi son élevage est-il une industrie importante annexée à tout établissement agricole, aussi bien qu'à la plus petite ferme, et devient une source de richesse pour beaucoup, ou au moins une source de bien être pour de nombreux petits ménages.

On évalue leur nombre en France à environ 6,500,000.

---

(1) Nous trouvant à Panama en novembre 1865 pendant l'épidémie de choléra qui sévit surtout sur les indigènes, nous vîmes fréquemment, dans des cases des indiens cholériques abandonnés par les leurs, et étendus au milieu même de leurs déjections.

Ne pouvant décider leurs parents ou amis à venir leur donner quelques soins, nous imaginames d'agir sur leur esprit crédule et superstitieux, et leur persuadames qu'un cochon attaché dans leur case prendrait le choléra aux lieu et place du malade. — Ce remède bien simple fit fortune ; les porcs nettoyèrent les cases de tous les immondices qui s'y trouvaient et en crevaient souvent ; mais sept fois sur dix, le malade assaini et robuste guérissait tout seul.

(2) On pourrait aussi en retirer, comme en Amérique, une fort bonne huile pour la savonnerie et le graissage des machines.

Ordre VIII. — AMPHIBIES ou PHOCIDÉS

Avec cet ordre commencent les animaux aquatiques, et dont les membres ne sont plus disposés pour la marche, mais pour la natation. Le public les appelle *poissons*; cependant beaucoup de gens reconnaissent encore, à cet ordre, les qualités des mammifères. Leur tête est en effet celle d'un mammifère ordinaire, à l'exception toutefois de la disposition des oreilles externes, et d'une disposition des narines qui leur permet de les fermer à volonté. Ce sont aussi de vrais carnassiers possédant les trois sortes de dents, incisives, canines et molaires; leur corps est couvert de poils lisses et couchés sur la peau; leurs membres, bien qu'adaptés au milieu dans lequel ils doivent vivre, ne sont pas encore de vraies nageoires, mais se terminent comme des mains palmées et ordinairement armées d'ongles. Il est vrai que leurs membres postérieurs sont presques immobiles et appliqués contre la queue.

Ce sont des animaux qui habitent la mer, mais remontent volontiers les fleuves, surtout à la poursuite des saumons, — il y a peu d'années, un couple de ces animaux, dit-on, est venu se faire tuer à Orléans pendant l'hiver. — Très lestes dans l'eau, ils n'ont qu'une démarche difficile et rampante à terre, où ils viennent cependant s'étendre pour se reposer et dormir au soleil. Leur vie active a lieu surtout la nuit, pendant laquelle ils se livrent à la recherche de leur nourriture consistant en poissons, crustacés, mollusques nus et autres animaux inférieurs.

Ils sont sociables, vivent en troupes sous la conduite d'un vieux mâle, mais sont craintifs et recherchent les ilots et côtes solitaires. Pris jeunes ils s'apprivoisent facilement.

Assez communs autrefois ils ont bien diminué, car sans aucune défense, et sans facilités d'échapper par la fuite, on les a souvent bêtement tués par troupe pour le plaisir de tuer, et sans tirer aucun profit de leurs dépouilles qui peut fournir cependant de nombreux produits à l'industrie, sans parler de leur chair, sinon bonne, du moins mangeable malgré son goût de poisson un peu accentué.

Ils sont doux, dociles et susceptibles d'attachement, se dressent facilement à la pêche et pourraient devenir des auxiliaires précieux.

Dans les régions du Nord, où ces animaux sont encore abondants, les habitants en tirent toujours un immense profit. Ils se nourrissent avec leur chair et leur lait, assaisonnent leurs aliments avec sa graisse, en font de l'huile inodore qui leur sert à tous les usages domestiques, et que la rigueur du climat leur permet même de boire; du sang mêlé à l'eau de mer ils préparent une sorte de soupe, et le consomment aussi sous différentes autres formes, soit cuit, soit pétri en gâteau, soit même glacé. Des tendons et boyaux ils forment des cordes d'arcs, des cordages de pirogues; des membranes, des intestins séchés, ils en font des vitres, ou bien les assouplissent et s'en font des sortes de casaques imperméables, bien supérieures aux capots de nos matelots; de la peau ils se font des vêtements ou en recouvrent des pirogues; ils transforment en clous, en navettes pour faire des filets et même en aiguilles les côtes, et se servent aussi des omoplates en guise de bêche.

Chez nous, leur *cuir* plus ou moins fort suivant l'espèce est passé en cuir fort ou en cuir blanc, et celui des jeunes est travaillé en maroquin, qui prend un beau grain.

La *peau* des jeunes, garnie de ses poils sert à faire des mules et pantoufles; celle des adultes sert à couvrir des carniers de chasse ou des malles; quelquefois aussi à faire des blagues à tabac.

La *chair*, noire comme celle des lièvres, est mangée par quelques personnes qui l'apprécient frite.

De leur *graisse* et du *lard* qui se trouve sous la peau on tire une excellente huile, supérieure à celle de la baleine et très bonne à brûler et à tanner les cuirs.

Malheureusement, ces animaux que nous devrions protéger, chercher à multiplier et à nous attacher comme auxiliaires, disparaissent et bientôt n'existeront plus.

Le Phoque à capuchon, *Stemmatopus cristatus,* F. Cuvier.

Atteint 2ᵐ50; ses couleurs varient un peu avec l'âge.

Cet animal caractérisé par quatre incisives supérieures, deux incisives inférieures, des ongles blancs et surtout une grosseur en forme de casque ou bonnet au-dessus de la tête, « attribut des mâles » adultes, habite particulièrement les régions polaires.

Un jeune a été pris à l'île d'Oléron, en 1843.

Le Phoque moine, *Pelagius monachus*, Hermann.

Le *Phoque à ventre blanc* de Buffon, qui habite la Méditerranée où il se rencontre encore assez fréquemment sur les côtes hérissées de rochers à fleur d'eau ou parmi les petits îlots.

Il est caractérisé par quatre incisives supérieures et deux inférieures. Son pelage, comme ceux des suivants est assez variable suivant l'âge et le sexe.

Le Phoque ordinaire, *Phoca vitulina*, Linné.

C'est le *veau-marin* des auteurs. Cet animal qui a six incisives supérieures et quatre inférieures, apparaît quelquefois dans la Méditerranée, mais c'est surtout dans l'Atlantique et la Manche, particulièrement à l'embouchure de la Somme qu'on le rencontre le plus souvent.

Les ongles sont noirs et son pelage gris jaunâtre est plus ou moins tacheté ou nuancé de plombé.

C'est l'espèce qu'on voit le plus couramment au jardin d'acclimatation.

Le Phoque marbré, *Phoca discolor*, F. Cuvier.

Voisin du précédent ; a des formes un peu plus sveltes ; mais en diffère surtout par un pelage noir fondu de teinte, et dont les taches apparaissent plus clairement. Mais comme le précédent il ne se rencontre guère que sur nos côtes Nord.

Le Phoque barbu, *Phoca barbata*, Fabricius.

Reconnaissable à sa grande taille (il atteint et dépasse

trois mètres) et à ses fortes moustaches ; habite les mers du Nord, vivant davantage sur les glaces que sur la terre ferme, ce qui quelquefois l'a amené près de nos mers. On en a capturé sur nos côtes de la Manche.

Près de ce dernier on pourrait encore ajouter une autre espèce voisine :

LE PHOQUE DE GROENLAND, *Phoca groenlandicus*, MULLER.

Il a les mêmes habitudes, et on l'a capturé plusieurs fois dans la Manche sur les côtes anglaises, ce qui rend donc son apparition sur nos côtes, bien probable.

Et enfin à cette liste, on peut encore joindre, mais plus dubitativement :

L'OTARIE *ou* LION DE MER, *Otaria*, PÉRON.

Animal de même ordre et de même forme générale, mais d'une famille différente, caractérisée par des oreilles externes, un pelage généralement plus fourni, des membres plus mobiles lui permettant de s'en servir un peu sur le sol, ainsi qu'une troisième paire d'incisives externes supérieures caniniformes et ordinairement six molaires supérieures au lieu de cinq.

La présence de cet animal ne repose que sur une seule observation signalée par le professeur Gervais. « M. Valencienne possède le crâne d'un animal de cette famille qui a été trouvé sur une plage du département des Landes. Ce crâne provient-il d'un individu mort dans les environs et que les courants y avaient apporté, ou bien a-t-il été pris dans le Sud, et rejeté sur nos côtes par quelque navire ? c'est ce qu'il a été impossible de décider (1) ».

––––––––––

(1) GERVAIS. *Histoire naturelle des mammifères*, t. II. p. 305-306.

ORDRE DES SIRÉNIDÉS

Avant d'aborder l'Ordre des Cétacés, nous ne pouvons passer sous silence la capture étrange faite à Dieppe dans le siècle dernier, d'un animal appartenant à l'Ordre des SIRÉNIDÉS appelés aussi, mais improprement, CÉTACÉS HERBIVORES.

Voici le passage de Duhamel (1) ayant trait à cette capture, à l'article du *Bœuf marin* ou *Manati* des Espagnols..

« Ce poisson n'est pas commun sur nos côtes. On se rappelle néanmoins en Haute Normandie qu'après une grande tempête, une femelle avec son petit furent trouvés dans un parc (de pêche) à une demi-lieue de Dieppe. Les pêcheurs qui ne connaissaient pas ce poisson ne tirèrent aucun profit d'une capture qui aurait pu leur être avantageuse (2).

Duhamel qui ne l'a pas vu, et qui ne connaissait ni les Dugongs ni les Rhytines pense d'après la description qu'on lui en a faite que c'était un *Lamentin*, et à cette occasion, il figure lui-même un lamentin dans son atlas; mais il n'est pas probable que ce fut cet animal qui vit dans les rivières des régions tropicales et s'éloigne peu de leur embouchure ; du reste à cette époque les Dunkerquois et les Dieppois qui avaient établi des pêcheries de lamentins dans les Amazones, auraient reconnu l'animal et su en tirer parti.

Ne serait-ce pas plutôt un DUGONGS, qui bien que ne vivant pas dans nos mers a des habitudes très pélagiennes et a pu s'égarer jusque chez nous (3).

Il se pourrait également que ce soit une RHYTINE, autre animal du même groupe, mais vivant dans la région boréale, d'où elle a presque disparu à la suite des grandes chasses que lui ont faites les Russes dans le siècle dernier.

Quoiqu'il en soit, il est certain d'après les détails qu'en donne Duhamel, que cet animal était voisin du *Lamentin*, et devait par conséquent appartenir à l'ordre des Sirénidés, c'est pourquoi sans lui faire prendre rang dans notre faune, nous avons cependant cru ne pas devoir le passer sous silence.

---

(1) DUHAMEL DU MONCEAU. *Traité général des pêches, et Histoire des poissons qu'elles fournissent.* Paris, 5 vol. in folio, 1769-1782.

(2) Id. Pratie II, section X. chapitre III, pages 56, 97.

(3) En 1869, étant à bord du *Poitou* et à environ à 100 ou 120 milles dans le sud de l'archipel des Canaries, nous avons rencontré en pleine mer un animal de forte taille que nous n'avons pu malheureusement examiner suffisamment, mais qui n'était certainement pas un cétacé, et devait appartenir à ce groupe.

Ordre IX. — CÉTACÉS

Ce dernier ordre, essentiellement *mammifère* par son organisation interne et par l'allaitement des jeunes, nous rapproche des poissons par les formes et le genre de vie. Les animaux qui le composent sont en effet beaucoup plus appropriés à la vie aquatique que les phoques et les sirénidés. Ils n'ont plus de membres postérieurs; leur bassin est même réduit à une forme rudimentaire; les membres antérieurs sont transformés en véritables nageoires, sans ongles, par conséquent. Généralement ils ont une troisième nageoire sur le dos, mais elle est seulement cutanée, leur queue, cutanée également, est comparable à celle des poissons et disposée transversalement.

La plupart ont des dents; quelques-uns en très petit nombre; la baleine cependant n'en a pas, et elles sont remplacées chez elle par de larges lames cornées appelées *fanons*.

Quoique obligés de venir à la surface de l'eau pour respirer, jamais ils ne vont à terre comme les phoques et sirénidés, et lorsqu'accidentellement ils y sont poussés par les vagues, ils y échouent sans pouvoir faire un mouvement et périssent non pas par asphyxie comme le poisson, mais bien de faim seulement.

Tous sont carnassiers et se nourrissent de proies vivantes; les uns, de grands et gros poissons qu'ils poursuivent avec impétuosité; les autres de seiches, poulpes, calmars ou loligos; d'autres enfin, tels que la baleine qui n'a pas de dents pour mâcher et ne possède qu'un gosier minuscule pour sa masse, se nourrit de petits crustacés, de petits mollusques et de méduses abondants dans les parages qu'elle fréquente.

Bien difficiles à réunir dans des collections particulières et même dans des collections d'états, ils sont encore relativement peu connus, et ont donné lieu à une foule de déterminations faisant double emploi.

Nous nous inspirerons ci-après pour les classer et les citer, des travaux du professeur Gervais, soit seul, soit en collaboration avec le professeur Van Benden; de ceux de M. Fischer, pour les espèces du sud-ouest de la France et de ceux du professeur Pouchet, successeur de Gervais à la chaire d'anatomie comparée du Muséum.

A l'exception des marsouins et des dauphins, les captures de cétacés sont relativement rares sur nos côtes ; tous ont du reste, à peu près les mêmes usages et produits ; nous les passerons donc rapidement en revue, malgré la taille immense qu'acquièrent la plupart d'entre eux.

Famille des DELPHINIDÉS

Cette famille se divise en deux grands groupes.

Les Dauphins.

Sont caractérisés par une sorte de bec ou rostre armé de nombreuses dents fines et aigües.

Ce sont, avec les marsouins, les cétacés les moins gros, mais ce sont les plus nombreux en espèces. Ils habitent la haute mer, se rapprochent quelquefois des côtes et même remontent les fleuves ; ils n'ont qu'un évent placé au milieu de la tête.

Ces animaux voyagent par petites troupes de 8, 10 et 12 individus, et sont très redoutés des pêcheurs parce qu'ils effraient les bancs de poissons, au milieu desquels ils se précipitent et détruisent aussi les filets dans lesquels ils s'engagent souvent à leur suite. Quelque fois leur nombre est bien plus considérable. Duhamel raconte que « en « février 1779, il en passa sur les côtes de La Hogue « (Manche) une immense quantité ayant de 5 à 6 pieds de « long, qu'on captura au nombre de 600 à 700. Sous la « peau se trouvait une couche de graisse ayant environ

« un pouce d'épaisseur ; la chair était ferme, presque
« comme celle du cochon.

« On en tira de l'huile pour la plupart ; plusieurs en
« fournirent neuf pintes. Quelques uns pesaient jusqu'à
« 200 livres. »

Il ajoute que la chair avait un goût désagréable. — Notre
expérience personnelle ne nous range pas à cette opinion.
La chair du Dauphin vulgaire, celle des femelles et des
jeunes au moins n'est pas désagréable et se laisse facilement manger. Elle est très noire et fort nourrissante. Nous
croyons cependant que celle du mâle au temps du rut surtout acquiert une saveur trop prononcée.

Autrefois, à l'époque du carême, leur chair et leur
graisse étaient très employées. Depuis, l'usage s'en est perdu
bien à tort. On utilisait aussi leur foie et leur poumon.

Actuellement, beaucoup de pêcheurs les tuent lorsqu'ils
les rencontrent, à cause des dégâts qu'ils peuvent faire
dans leurs filets, et laissent perdre leurs dépouilles. On
pourrait tout au moins tirer grand avantage de leur huile
qui n'étant pas siccative serait très bonne pour le graissage des machines, sans parler de la fabrication des
savons pour laquelle elle est supérieure à celle de baleine
et des autres grands cétacés.

Le Delphinorhynque de Saintonge, *Delphinorhynchus Santonicus*, Lesson.

Le Delphinorhynque à grand front, *Delphinorhynchus frontalus*, G. Cuvier.

Ces animaux sont peu connus ; l'existence du premier
ne repose que sur une seule capture faite en 1835, à
l'embouchure de la Charente ; sa dépouille a été perdue
depuis lors. Le second n'est aussi connu que par un petit
nombre de captures. Ils diffèrent des vrais Dauphins par
un rostre comprimé latéralement et non bridé à la base.

Une troisième espèce, probablement mal déterminée
sous le nom de *Plumbeus*, a été prise dans la Méditerranée.

Le Dauphin vulgaire, *Delphinus delphis*, Linné

Noir sur le dos, blanc sur le ventre et fondu en gris sur
les côtés, et il atteint 2^{m}15, est caractérisé par un palais
canaliculé. Il est très commun sur toutes nos côtes. Divers
auteurs, M. Lafont, de Bordeaux, en particulier ont décrit
de nombreuses espèces que l'on ne peut, dans l'état actuel de la science, reconnaître que comme des variétés
de *Delphis*, facilement réduites à deux ; celle à *flancs
jaunes* et celle à *flancs gris* ; il en est de même des
exemplaires exceptionnellement grands, dépassant 2^{m}30,
vus par Van Beneden sur les côtes de Bretagne, ou décrits
par Gray sous le nom de *Major*.

Mais on peut reconnaître comme espèces distinctes :

Le Dauphin de la Méditerranée, *Delphinus méditerra-
neus*, Loche.

Bien distinct par sa coloration, noir sur le dos, blanc
sur le ventre avec une ligne noire partant de la commis-
sure buccale, passant par l'œil et continuant jusqu'à la
racine de la queue ; une autre ligne noire se dirige de
l'œil à la nageoire pectorale.

Il n'a encore été authentiquement capturé que sur
les côtes d'Algérie, mais ne peut manquer de l'être un
jour ou l'autre sur nos côtes méditerranéennes.

Le Dauphin à bandes, *Delphinus marginatus*, Duvernoy.

Rare espèce de la Manche et de l'Océan.

Le Dauphin d'Algérie, *Delphinus Algeriensis*, Loche.

Le Dauphin de Téthys, *Delphinus Tethyos*, Gervais.

Très rares toutes deux et capturées dans la Méditerranée.

Le Dauphin douteux, *Delphinus dubius*, F. Cuvier.

Bien plus répandu que les précédents.

Tous quatre sont caractérisés par un palais non canali-

culé et par plus de trente dents de chaque côté et à chaque
mâchoire.

Le Dauphin Nésarnack, *Delphinus tursio,* Fabricius.

Grande espèce de toutes nos côtes atteignant de 3 à
5 mètres, et ne réunissant jamais 30 dents sur un côté de
ses mâchoires.

Les Marsouins.

Ils ont le museau plus court et la tête plus arrondie que les
dauphins. Beaucoup d'auteurs ont fait de chacun d'eux
des types de familles; nous garderons néanmoins ici,
l'Orque, le Globicéphale et le Grampus, sous le nom général de Marsouins qui les caractérisent mieux pour le
public.

Le Marsouin commun, *Phocæna communis,* F. Cuvier.

Vit par petites troupes sur nos côtes océaniques, entre
dans nos ports et remonte parfois nos rivières. Des-
marest (1) nous cite même une capture dans Paris vers
l'an 1800.

Un peu plus petits que les dauphins, ils sont aussi
moins voraces, ou plutôt se contentent de plus petits
poissons, tels que les sardines, les harengs, les maque-
reaux, les pélamides et les petits thons dont ils poursuivent constamment les bancs.

Les pêcheurs les redoutent aussi parce que souvent ils
font fuir le poisson; mais quelquefois ils leur servent en
les faisant se jeter plus rapidement dans leurs filets : s'ils
s'y engagent à leur suite, ils font moins de dégâts que les
dauphins, car leur museau obtus s'engage moins facilement dans les mailles. Dans le cas où ils s'embarrassent
dans quelques filets de fond, ils sont très vite étouffés,
car ils ont un besoin fréquent de venir respirer à la surface.

---

(1) *Mammalogie,* voir pp. 770. 517.

Leur chair est souvent coriace et de mauvaise odeur, dit-on, quoique les jeunes soient tendres et mangeables. Duhamel (1) nous apprend qu'on en faisait autrefois du saucisson fort estimé, et que les pêcheurs normands des côtes de Caux en pêchaient beaucoup de petits, assez bons à manger et connus alors sous le nom de *ouette*.

Leur cuir, tanné et corroyé, est très bon et peut être employé à une foule d'usages ; mais le grand avantage qu'on peut en retirer consiste dans leur huile d'aussi bonne qualité que celle du dauphin.

L'Orque de Duhamel, *Orca Duhameli*, Lacépède.

Beaucoup plus grand que le marsouin commun, il a beaucoup moins de dents que lui, mais les a beaucoup plus fortes.

Cet animal, nommé aussi *épaulard* par les pêcheurs de nos côtes, fait une grande destruction de saumons et s'attaque aussi aux marsouins communs et aux dauphins. Anderson assure même qu'il poursuit la baleine pour lui dévorer la langue ?

Cet animal redoutable vit ordinairement isolé et dans la haute mer. Il s'approche peu de nos côtes ; ou en a cependant capturé plusieurs sur nos rivages.

Il produit une forte quantité d'huile.

Le Globicéphale noir, *Globicephala melas*, Traill.

De la taille du précédent, et presqu'aussi bien denté que lui, mais à tête beaucoup plus massive et à mœurs plus douces ; vit par grandes bandes et dans toutes nos mers où il se nourrit de petits poissons, crustacés et poulpes.

Le Maout nous apprend que le 7 janvier 1812, soixante-

---

(1) Loc. cit.

dix individus vivants furent jetés ensemble à la côte de Paimpol (Côtes-du-Nord).

Le Grampus de Risso, *Grampus Rissoanus,* Cuvier.

Le Grampus gris, *Grampus griseus,* Cuvier.

Ils forment tous deux un quatrième groupe de marsouins moins grands que le commun et à dents supérieures caduques.

Le premier, d'un teint plus clair, est caractérisé surtout par la présence de cinq à six paires de dents à la mâchoire inférieure, il ne se trouve que sur nos côtes méditerranéennes.

Le second, beaucoup plus gris, habite l'Océan et a deux ou trois paires de dents à la mâchoire inférieure.

Ils fournissent beaucoup d'huile de bonne qualité comme tous les cétacés précédents, et viennent, par leur système dentaire, établir la transition avec la famille suivante.

Famille des ZIPHIDÉS.

Cette famille est composée de cinq espèces appartenant à quatre genres; ils ne sont connus que par un petit nombre d'individus jetés sur nos côtes, morts ou vivants, par quelques tempêtes.

Le Diplodon Européen, *Diplodon europeus,* Gervais.

D'environ quatre mètres de long; n'est établi que sur le crâne d'un individu harponné dans la Manche et déposé dans les collections de la Faculté des Sciences de Caen. Cette espèce est caractérisée par une paire de fortes dents placées sur le milieu d'une mâchoire inférieure massive formant rostre en avant.

Le Mésoplodon de Sowerby, *Mésoplodon Soverbiensis,* Blainville.

D'une longueur de cinq à six mètres; a échoué plusieurs fois sur toutes les côtes de la Manche, en Angleterre, en Belgique et deux fois en France, au Hâvre et dans le Calvados.

Ce genre est caractérisé par une paire de fortes dents, accompagnées de quelques autres beaucoup plus petites et caduques, situées vers le milieu de sa mâchoire inférieure, et un rostre long, mais plus large que haut, ce qui est le contraire du genre précédent.

Le Ziphius cavirostre, *Ziphius cavirostris*, Cuvier.

Le Ziphius de Gervais, *Ziphius Gervaisii*, Duvernoy.

Ces deux espèces, qui paraissent cosmopolites, diffèrent surtout des précédents par la présence de leurs deux dents à l'extrémité de la mâchoire inférieure. Ils ont le front médiocrement bombé. Le second diffère aussi du premier par l'absence de tubérosité vomérienne. Ce sont des animaux de six à sept mètres de long, dont on connaît peu les mœurs et qui échouent très accidentellement sur nos côtes.

L'Hyperoodon Butzkopf, *Hyperoodon Butzkopfi*, Lacépède

Ce cétacé, long de sept à huit mètres, a été capturé un peu sur toutes nos côtes, comme le précédent. Il est caractérisé par deux fortes dents terminales à sa mâchoire inférieure, il en possède en plus quelques autres rudimentaires et caduques; mais il en diffère par une double crête osseuse des os maxillaires qui soutiennent un renflement de la peau de la tête contenant une grande quantité de substance huileuse et de *sperma ceti*, ce qui le rapproche de la famille suivante.

Il ne se nourrit que de petites proies, et on n'a jamais trouvé dans son estomac que des débris de céphalopodes, poulpes, calmars ou loligos.

Tous les Ziphidés sont utiles par l'énorme quantité d'*huile* que renferme l'épaisse couche de graisse qui les enveloppe.

Leur *chair* est mangeable, mais n'est pas délicate.

Famille des PHYSÉTÉRIDÉS

Le Cachalot, *Physeter macrocephalus,* Linné.

Espèce de cétacé à forme étrange, ressemblant quelque peu à une bouteille à fond plat et couchée, ayant à la place du bouchon une queue horizontale de cétacé.

Sa tête, à elle seule, représentée par toutes les parties inférieures de la bouteille, forme plus du tiers, presque la moitié de sa longueur totale. Sa mâchoire, située en dessous, se termine en pointe à l'extrémité inférieure de la tête ; elle n'a en dessus que quelques dents caduques et encore mal connues ; la mâchoire inférieure est ornée de grosses dents coniques semblables entre elles et dont le nombre varie de vingt à vingt-cinq paires. Deux petites nageoires viennent s'insérer un peu en arrière de l'ouverture de la bouche. La portion de la tête, située au dessus de la bouche, est formée par un renflement de la peau soutenue de chaque côté par des crêtes osseuses s'élevant sur le maxillaire supérieur. Tout cet espace est rempli par une sorte d'huile qui, à l'air, se prend en une masse neigeuse et solide et que l'on connait dans le commerce sous le nom bizarre de *sperma ceti*, et qui fait le principal profit de la pêche de cet animal, car il n'a que peu de lard et par conséquent peu d'huile aussi. Cette substance, qui n'est pas sa cervelle comme quelques personnes le pensent, se retrouve encore au milieu de son lard, peu épais, rempli de filaments et comme cartilagineux, ainsi que dans sa graisse où elle occupe des cellules ou cavités plus ou moins nombreuses.

La cervelle, réduite à un très petit volume est entièrement enfermée dans la boîte crânienne qui se trouve située à la partie inférieure et postérieure de cette forte masse représentant la tête.

La *chair* des jeunes, quoique peu estimée, se mange quelquefois soit fraîche, soit salée, mais on a soin de bien la dégraisser pour lui enlever son goût d'huile désagréable.

Quoique cet animal soit relativement commun ; que de nombreuses captures aient été faites sur toutes nos côtes, soit récemment, soit anciennement ; qu'en une seule fois, le 14 mars 1784, il en est échoué trente-deux en même temps à Audierne (Finistère), atteignant jusqu'à dix-sept mètres de long, nous ne savons pas encore d'une façon certaine s'il n'y a qu'une ou plusieurs espèces qui fréquentent nos côtes.

Le Sperma-ceti ou mieux la *Cétine*, nom que lui a substitué le chimiste M. Chevreul, était employée autrefois en médecine ; on lui attribuait des vertus curatives extraordinaires dont on est tout à fait revenu. Actuellement on l'emploie encore en pharmacie et en parfumerie pour préparer certaines pommades, onguent ou cosmétique, le cold-cream en particulier. Mais sa principale application consiste dans la fabrication des bougies diaphanes, pour lesquelles on la mêle à un peu de cire afin de la rendre moins cassante ; puis on les colore de différentes façons.

On l'utilise également dans l'apprêt de certaines étoffes et pour la composition des perles artificielles.

Un autre produit du Cachalot est l'*ambre gris*, substance grasse et aromatique, donnant un parfum analogue au musc, très recherchée par la parfumerie et quelque peu employée en médecine, mais c'est une substance rare et dépassant une valeur de 2,000 francs par kilo (1). Elle semble être une concrétion formée dans les intestins du Cachalot; quelquefois en effet elle renferme dans sa masse des débris de poissons et surtout des bras de céphalopodes, qui forment la principale nourriture du Cachalot. On la rencontre soit dans les intestins des cétacés, soit flottante en masse plus ou moins considérable sur la mer, ou échouée sur les plages.

On utilise aussi leurs *dents* comme ivoire.

Les cachalots vivent dans les mers chaudes et tempérées. Leur pêche, quoique beaucoup moins abondante qu'autrefois, occupe encore actuellement un nombreux personnel.

FAMILLES DES BALEINIDÉS

Cette famille, caractérisée par la présence de *fanons* au lieu de dents, se compose des Rorquals et des vraies Baleines.

Les *Rorquals* ont toujours une nageoire dorsale, des plis aux parties inférieures et de petits fanons. Leur forme générale est assez élancée.

Les *Baleines*, au contraire, n'ont pas de nageoires dorsales, pas de plis aux parties inférieures et toujours de grands fanons. Leur forme générale est beaucoup plus massive.

LES RORQUALS

Le Rorqual rostré, *Balænoptera rostrata,* MULLER.

Atteint dix mètres de long; c'est le plus petit de nos baleinoptères qui passe souvent pour un jeune du *boops*. Il est relativement commun, peu sauvage, ordinairement peu gras aussi et se montre dans toutes nos mers.

Sa *chair* est mangée par quelques marins.

----

(1) Les droits de douane seuls s'élèvent à 65 fr. par kilos.

Sa *graisse* passe pour assez bonne et son *huile* est plus estimée que les autres et est moins odorante aussi.

Ses *fanons* sont blanc-jaunâtres.

Le Rorqual du nord, *Balœnoptera borealis,* Cuvier.

Beaucoup plus rare dans nos parages, c'est encore une petite espèce dont les mœurs sont peu connues.

Ses *fanons* noirs sont marbrés de gris.

Le Rorqual des anciens, *Balœnoptera musculus,* Linné.

Atteint une grande taille et se montre fréquemment chez nous et sur toutes nos côtes. Il arrive à trente mètres de long, mais c'est surtout dans les tailles de quatorze à vingt mètres que ses captures sont les plus fréquentes.

Le Rorqual de Sibbald, *Balœnoptera physalus,* Fabricius.

Peut aussi atteindre trente mètres de long et est plissé également sur le ventre, tandis que les autres rorquals n'ont que la gorge de plissée, à l'exception des *B. musculus* chez qui les plis la dépassent sensiblement. Ses captures sont rares sur nos côtes.

Le Rorqual Boops, *Balœnoptera boops,* Fabricius.

Il se distingue de tous les autres baleinoptères par ses nageoires pectorales beaucoup plus longues; ses formes sont aussi beaucoup plus massives et le rapprochent des vraies baleines. Quelques auteurs croient que c'est la *jubarte* des pêcheurs du nord, mais il est probable qu'ils confondent aussi sous ce nom le précédent. Il n'atteint que dix-sept à dix-huit mètres et se capture bien rarement sur nos côtes.

L'*huile* de tous les rorquals ou baleinoptères est plus estimée que celle de la baleine, mais elle donne beaucoup moins de profit aux pêcheurs, car ces animaux sont plus petits et leur couche de lard est aussi beaucoup plus

mince ; de plus leur pêche est plus difficile et plus dangereuse que celle de la baleine, car ils sont plus lestes
qu'elle, et parfois font chavirer les chaloupes qui les
poursuivent.

On a cherché aussi, il y a peu d'années à utiliser les
fanons des diverses espèces de Rorquals ; mais leur
contexture grossière et cassante en a bien vite fait rejeter
l'emploi dans la plupart des cas ou les fanons de baleine
étaient employées. De nouvaux essais permettront sans
doute d'en tirer parti.

LES BALEINES

La Baleine des basques, *Balæna biscayensis,* ESCHRICHT.

Elle est dit-on différente de la *Baleine franche* des régions arctiques, et c'est, pense-t-on aussi, la seule qui
aborde nos côtes.

Dans l'état actuel de la science, la discussion est difficile, car les sujets complets, de différentes provenances
et de divers âges font défaut à nos collections.

Quoiqu'il en soit, ces cétacés, qui faisaient autrefois le
sujet d'une pêche régulière dans le golfe de Gascogne,
sont devenus très rares. On ne voit guère que des jeunes
et ceux que l'on pense adultes sont bien inférieurs comme
taille aux sujets du Nord, qui atteignent jusqu'à
trente mètres de long. Leur rendement d'huile arrive à
peine au tiers de ce que peut fournir une Baleine franche,
et leurs fanons ne dépassent guère trois mètres, alors que
cette dernière en a fourni de près de cinq mètres.

Dans le Nord on utilise sa *chair*, qui a un goût fort, il
faut l'avouer ; chez nous on la laisse perdre ; on ne se
sert que de son huile et de ses fanons, qui représentent
du reste un beau chiffre, car on reconnaît en général,
qu'une Baleine de vingt mètres de long peut fournir

environ 26 à 30,000 kilogrammes d'huile et près de 1,500 kilogrammes de fanons.

L'*huile* varie de couleur et qualité suivant sa cuisson et l'état du lard d'où on la tire; mais elle a toujours une odeur forte qui fait qu'on ne l'emploie qu'aux usages industriels, pour l'éclairage, le graissage des machines, la fabrication du gaz d'éclairage, du savon et spécialement de savon noir, ainsi que pour la préparation des cuirs et aussi le graissage des chaussures destinées à aller à l'eau, telles que les bottes d'égoutier en particulier, ou les chaussures de marais. Elle protège également beaucoup les chaussures de montagnes ou d'hiver exposées à de longs trajets dans la neige.

Ses *fanons*, vulgairement appelés baleines, ont aussi un grand emploi dans l'industrie; chaque individu en fournit environ huit ou neuf cents sur chaque côté de la mâchoire supérieure.

On les emploie pour faire des busces de corset, des éventails, des montures de parapluies, des baguettes de fusil, des cannes, des bouts de fouets, des crochets de photographes, etc. On a même tenté d'en employer les fibres à la confection d'une sorte de tissu pour jupons. Décolorés et reteints de diverses nuances on en a fabriqué plusieurs ouvrages de fantaisie, et aussi des fleurs artificielles. Chauffés dans de l'huile ou de l'eau, les fanons se ramollissent et peuvent alors se mouler comme de la corne ou de l'écaille; mais ils ne prennent jamais un beau poli comme cette dernière; leurs raclures mêlées à du crin entrent dans la composition de quelques matelas, sommiers ou coussins, et tous les déchets sont encore utilisés comme engrais.

Le prix des fanons, très variable suivant la demande et surtout l'abondance de la récolte, ainsi que suivant leur longueur, oscille entre 500 et 2,000 francs les cent kilos

Son *cuir* épais mais trop spongieux n'a aucun emploi et est abandonné par les matelots.

Les peuples du Nord, dont le palais est moins délicat que le nôtre, non seulement mangent sa chair, mais boivent son huile, et se servent de ses côtes comme de bois de charpente pour la construction de leurs huttes (le bois leur fait défaut), et aussi de leurs canots; avec leurs boyaux séchés et dressés ils se font des vitres.

On prétend cependant que leur *langue* salée n'est pas mauvaise, et qu'autrefois les basques en utilisaient la chair en carême.

Au Moyen-Age on ornait de ses *maxillaires* énormes les porches des églises; ses vertèbres étaient employés comme sièges, et les bouts de ses fanons, plus estimés encore qu'aujourd'hui, servaient à faire des panaches ou aigrettes de casque, comme l'atteste un poëte de l'époque, Guillaume le Breton, à propos du casque que le comte de Boulogne portait à la bataille de Bouvines.

Ces animaux immenses ne se nourrissent que de très petites proies, mollusques marins, petits crustacés et méduses qui, dans certains parages sont fort abondants, et couvrent littéralement la mer.

Nouvelle Imprimerie de Levallois, E. COUDRAY, 120, rue de Courcelles
Levallois-Perret.

SOUS-PRESSE

2me PARTIE

LES OISEAUX

EN PRÉPARATION

Les 3me 4me 5me Parties
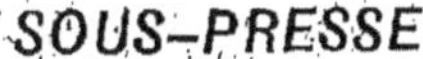

BATRACIENS, REPTILES

ET

POISSONS

Nouvelle Imprimerie de Levallois, E. COUDRAY, 120, rue de Courcelles,
Levallois-Perret.